U0891700

山东省气象信息员手册

阎丽凤　主编

气象出版社
China Meteorological Press

内容简介

本书主要介绍了山东省地理气候概况、主要气象灾害与次生灾害及其防御知识、气象灾害预警信号发布标准及防御指南、人工影响天气基础知识和安全知识以及与气象有关的法律法规等五部分内容。本书既可以作为气象信息员培训教材，也可以作为广大气象爱好者了解气象科学知识的科普读物。

图书在版编目(CIP)数据

山东省气象信息员手册/阎丽凤主编.
北京：气象出版社，2010.11
ISBN 978-7-5029-5071-2

Ⅰ.①山…　Ⅱ.①阎…　Ⅲ.①气象—工作—山东省—手册
Ⅳ.①P468.252-62

中国版本图书馆 CIP 数据核字(2010)第 205456 号

出版发行：气象出版社
地　　址：北京市海淀区中关村南大街 46 号　　邮政编码：100081
总 编 室：010-68407112　　发 行 部：010-68409198
网　　址：http://www.cmp.cma.gov.cn　　E-mail：qxcbs@cma.gov.cn
责任编辑：张锐锐　李太宇　　终　　审：汪勤模
封面设计：燕　彤　　责任技编：吴庭芳
印　　刷：北京中新伟业印刷有限公司
开　　本：880mm×1230mm　1/32　　印　　张：5.25
字　　数：150 千字
版　　次：2010 年 11 月第 1 版
印　　次：2010 年 11 月第 1 次印刷
定　　价：9.00 元

前　言

山东地处黄河下游、黄渤海之滨，是我国经济最为发达的地区之一，不仅工业产值位居全国前列，粮、棉、水果、蔬菜、渔业、畜牧等农业产品的产值也在全国位居第一。但由于地理气候因素，频繁发生的气象灾害及次生灾害不仅严重威胁到人民生命财产的安全，也给经济和社会的健康发展带来严重影响。在春季，山东十年九旱，晚霜冻经常给农业带来严重损失，春播期有时出现低温阴雨天气；春夏之交多冰雹、雷雨大风和干热风灾害；夏季常出现高温和伏旱，多暴雨易引发山洪和农田渍涝，沿海有时遭到台风和风暴潮袭击；秋季又常受到早霜冻害、秋旱或连阴雨的危害；冬季常有寒潮大风和暴雪天气，给交通生产和海上作业带来严重威胁。据统计，山东省每年因各类气象灾害造成的经济损失约占国民生产总值的3％～6％。

随着全球气候变暖，极端天气气候事件已呈多发、突发趋势，各类气象灾害及其次生、衍生灾害产生的影响日趋加重。进一步加强气象灾害防御工作，提高全社会防范应对气象灾害的能力和水平，保障及时准确地接收和传达气象灾害预警信息，对于保障人民生命财产安全、促进全省经济社会科学发展、和谐发展，实现富民强省新跨越具有十分重要的意义。

近年来，山东省各级气象部门在加大气象现代化建设、不断提高气象灾害监测预警能力的同时，认真落实省政府“加强气象灾害应急队伍建设，增强灾害救助能力”的要求，积极推进“政府领导、部门联动、分级负责、全民参与”的气象灾害防御工作机制不断完善，在各级政府的领导下，依托人工增雨、防雹作业等应对气象灾害专业技术力量和民政部门组织的乡镇灾害信息员、气象灾害危险区域防御责任人等人员，逐步建立了涵盖乡(街道)、村(社区)的气象信息员队伍，规模达到5.7万人。充分发挥气象信息员队伍的作用，既可以加大气象科普知识的宣传，帮助人民群众及早掌握气象预警信息、提前预防灾害，又可以及时向各级政府和气象部门反馈各种灾害和突发性天气的实时信息，有利于提高气象预报准确率，有利于政府部门的果断决策，在山东省气象防灾减灾工作中将发挥重要作用。

为使我省气象信息员能够充分了解山东气象灾害的特点、掌握防御知识、提高工作水平，山东省气象局组织有关科技人员完成了《山东省气象信息员手册》的编写工作，内容包括山东省地理概况、气候概况、主要气象灾害与次生灾害及其防御措施、气象灾害预警信号、人工影响天气作业安全知识以及有关的气象法律法规等内容。希望山东省广大气象信息员读者能够通过对本书的学习，充分了解和掌握气象灾害的防御知识，更好地服务于辖区和社区的群众，在山东省的气象防灾减灾工作中作出更大的贡献。

湖涛*

2010 年 8 月

---

* 湖涛，山东省气象局党组书记、局长。

目　录

1 山东地理气候概况

1.1 山东地理概况

山东省位于黄河下游，在北纬 34 度 25 分至 38 度 23 分、东经 114 度 36 分至 122 度 43 分之间，东西最长约 700 千米，南北最宽 420 千米，陆地总面积 15.67 万平方千米，约占全国总面积的 1.6%，居全国第 19 位。山东北临渤海，东临黄海，与朝鲜半岛、日本列岛隔海相望，西北与河北省接壤，西南与河南省交界，南与安徽、江苏省毗邻。山东半岛与辽东半岛相对，环抱着渤海湾。

山东省的地势，中部为隆起的山地，东部和南部为和缓起伏的丘陵区，北部和西北部为平坦的黄河冲积平原，是华北大平原的一部分。山东省的最高点是位于中部的泰山，海拔 1545 米；最低处是位于东北部的黄河三角洲，海拔 2～10 米。山东省地形以平原丘陵为主，平原、盆地约占全省总面积的 63%；山地、丘陵约占 34%；河流、湖泊约占 3%。

山东省全省现辖聊城、德州、滨州、东营、青岛、烟台、威海、济南、泰安、淄博、潍坊、莱芜、菏泽、济宁、枣庄、临沂、日照 17 个市，139 个县、县级市和市辖区。

山东省境内河湖交错，水网密布，干流长 50 千米以上的河流有 100 多条。被誉为“中华民族母亲河”的黄河自西南向东北斜穿山东境域，流程 610 多千米，从渤海湾入海。著名的京杭大运河自东南向西北纵贯鲁西平原，长 630 多千米。其他比较重要的河流还有徒骇河、马颊河、沂河、沭河、大汶河、小清河、胶莱河、潍河等。山东较大的湖泊有南四湖和东平湖。南四湖由微山湖、昭阳湖、独山湖和南阳湖组成，总面积 1375 平方千米，为中国十大淡水湖之一。

山东主要的山脉有泰山、蒙山、崂山、鲁山、沂山、徂徕山、昆嵛山、九顶山、艾山、牙山、大泽山、孟良崮等。

1.2 山东气候概况

山东省地处中纬度，气候温和，雨量集中，四季分明，属于暖温带大陆性季风气候。夏季盛行偏南风，炎热多雨，冬季多偏北风，寒冷干燥；春季天气多变，干旱少雨多风沙；秋季天气晴爽，冷暖适中。

1.2.1 气温

全省年平均气温基本遵循由西南向东北递减的分布规律，地区差别不大，多数都在 13℃左右。济宁、菏泽的南部地区和济南、枣庄都在 14℃以上；半岛的丘陵地区最低为 11.4～11.9℃；鲁北和半岛沿海地区基本在 12.0～12.9℃之间；其他地区一般为 13.0～13.9℃（图 1.1）。

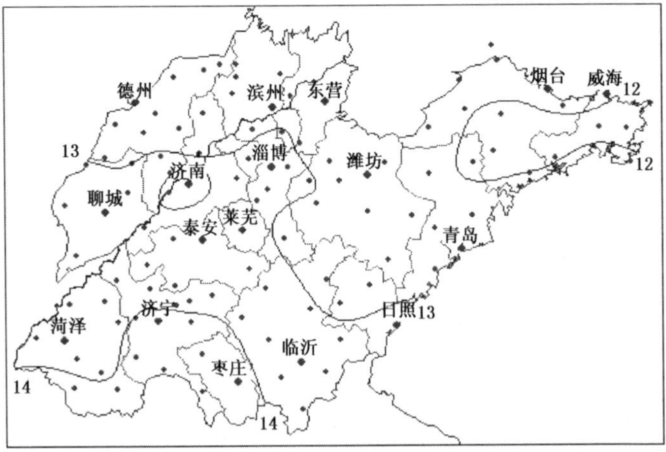

图 1.1 山东年平均气温分布图(单位:℃)(1971—2000 年)

山东各地平均气温年变化均为单峰型。从1月至7月,各地气温逐渐升高,8月以后,逐月下降。冬季气温最低,最冷月为1月。夏季气温最高,鲁东南沿海地区8月份最热,其他地区7月最热(图1.2)。

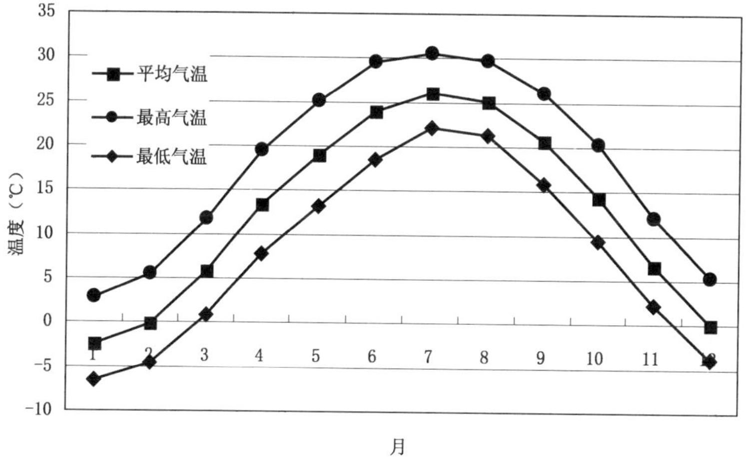

图1.2　山东气温(平均、最高、最低)的月分布图(单位:℃)(1971—2000年)

除了成山头和泰山外,全省各地都可以出现≥35℃的高温。高温日数大致由西向东、由北向南递减。鲁西北和鲁西南地区高温日数最多,一般为10～11天,其中,济南和高青县最多,年平均12天;半岛东部地区最少,一般在2天以下;鲁中山区、鲁东南和半岛的中西部地区多在2～6天之间;其他地区一般为7～9天。

各地均可出现日最低气温≤－10℃的低温天气,但年平均低温日数差异很大,鲁北、鲁中山区北部和半岛内陆地区最多,一般在12～20天之间,沿海地区和鲁南地区一般在2～4天,河口、长岛、成山头、威海、烟台、青岛和日照等地最少,仅有1天;其他地区一般为5～10天。

山东无霜期一般为174～260天,其分布规律是南部多于北部,平原多于山地,沿海多于内陆。鲁南、鲁西南及鲁西北平原和沿海地区在200天以上,鲁中山区和半岛中部少数地区在200天以下。

1.2.2 降水量

山东省大部分地区年平均降水量在600～750毫米之间，其分布特点是南多北少(图1.3)。泰山的年平均降水量达到了1042.8毫米，是全省降水最丰富的地方。临沂和枣庄的南部地区降水量在800～848毫米之间，是全省降水最多的区域，最多的临沭达848毫米；鲁东南的大部分地区和半岛的东南部为700～800毫米；鲁中山区、鲁西南及半岛的大部分地区降水量一般在600～700毫米之间；鲁西北和半岛北部降水较少，一般都在600毫米以下，降水最少的是黄河以北的地区，多数不足550毫米，其中武城是全省降水量最少的地方，只有508.6毫米。

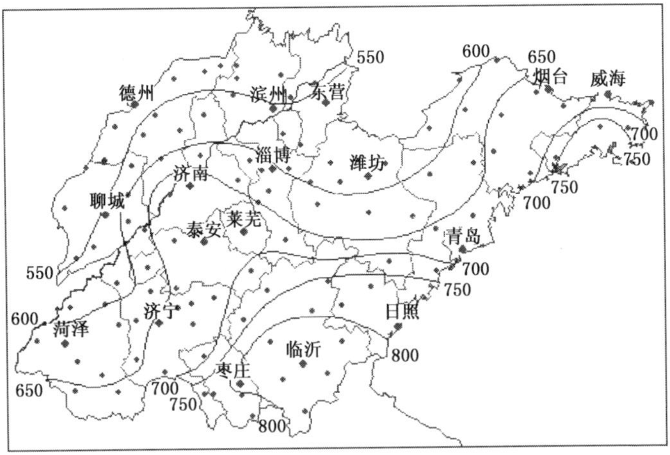

图1.3 山东年平均降水分布图(单位：毫米)(1971—2000年)

山东各地年降水日数基本遵循从西北向东南递增的规律。鲁西北地区较少，多数在65～70天，宁津最少，只有62.7天；鲁东南和半岛的东部地区是降水日数最多的区域，一般在80～90天之间，其中文登最多，为90.9天；其他地区多数都在70～80天。泰山年平均降水日数高达95.1天。

1.2.3 日照时数

山东年平均日照时数的分布规律是由南向北增多,大致呈西南—东北走向(图 1.4)。半岛的中东部和鲁北的大部分地区在 2600～2800 小时之间;鲁南最少,多数在 2200～2400 小时之间变化,其他地区多在 2400～2600 小时之间。蓬莱以 2807 小时居全省之首,鲁西南的成武最少,只有 2148 小时,也是全省唯一不足 2200 小时的站点。

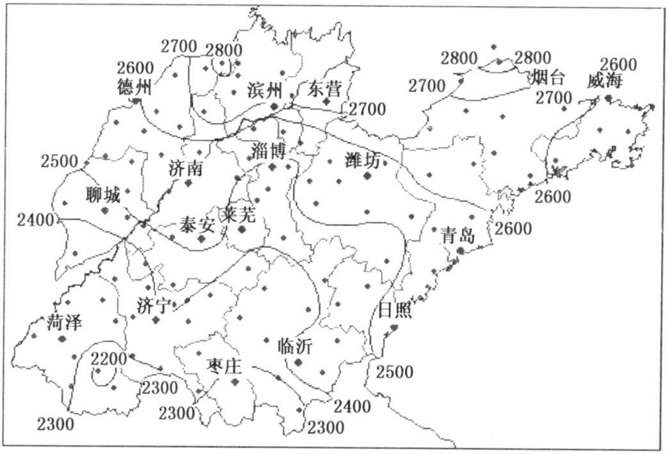

图 1.4 山东年平均日照时数分布图(单位:小时)(1971—2000 年)

1.2.4 大风

大风日数的分布特点是:沿海地区的大风日数明显多于内陆,半岛的东部沿海最多,鲁中山区最少(图 1.5)。半岛的东部沿海地区多数在 60～80 天之间;半岛内陆和鲁北地区多数为 20～40 天;鲁中山区一般都在 10 天以下;其他地区多数在 10～20 天之间。

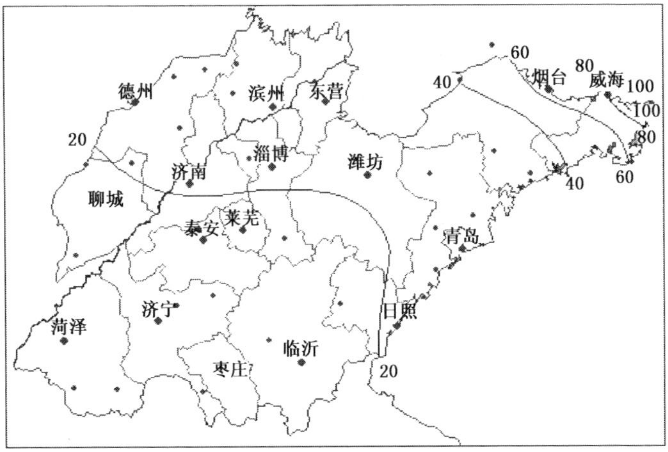

图 1.5 山东年平均大风日数分布图(单位:天)(1971—2000 年)

1.2.5 主要气象灾害

山东地处中纬度,经常受冷暖气团交绥或交替影响,天气复杂多变,气象灾害种类多,发生频繁,除旱涝外,冰雹、大风、台风等气象灾害也屡有发生,对国民经济造成的损失较严重。

2 山东主要气象灾害、次生灾害及防御知识

气象灾害是指大气运动和演变对人类的生命财产和国民经济建设及国防建设等造成的直接或间接的损害。气象灾害是自然灾害中最为频繁而又严重的灾害。我国是世界上自然灾害发生十分频繁、灾害种类甚多,造成损失十分严重的少数国家之一。而且,随着经济的高速发展,自然灾害造成的损失亦呈上升发展趋势,直接影响着社会和经济的发展。

山东省地处黄河下游,位于中纬度地带,属暖温带大陆性季风气候,全省地形复杂,气象灾害频发,严重的气象灾害是影响山东经济可持续发展的重要因素之一。

山东省主要气象灾害、次生灾害有热带气旋(台风)、暴雨、冰雹、寒潮和低温冻害、大雪、大风、霜冻、干旱、高温、干热风、大雾、雷电、连阴雨、沙尘暴、风暴潮、泥石流等。

2.1 热带气旋(台风)

2.1.1 定义

热带气旋是发生在热带和副热带海洋上的强烈的低压系统(气旋)。根据《热带气旋等级》国家标准(GB/T 19201—2006),热带气旋分为热带低压、热带风暴、强热带风暴、台风、强台风和超强台风6个等级(表2.1)。但是大家常常习惯上把热带气旋统统叫做台风,事实上,从表2.1可以看出,两者的区别还是显而易见的。

表 2.1 热带气旋(台风)等级划分表

热带气旋等级	近中心最大平均风速(米/秒)	近中心最大风力(级)
热带低压(TD)	10.8～17.1	6～7
热带风暴(TS)	17.2～24.4	8～9
强热带风暴(STS)	24.5～32.6	10～11
台风(TY)	32.7～41.4	12～13
强台风(STY)	41.5～50.9	14～15
超强台风(SuperTY)	≥51.0	16 或其以上

台风用编号来记录，编号用 4 个数码，前两位表示年份，后两位表示出现的先后次序，如 8509、9216，9711、0708 等。2000 年以后台风又有了名字，如 2006 年 8 号台风叫“桑美”，2007 年 13 号台风叫“韦帕”等。给台风命名是为了使人们对逐渐接近的台风提高警惕，增加警告的效用。亚太地区台风命名始于 2000 年，共有 140 个名字，分别由亚太地区的 14 个国家和地区提供。

2.1.2 影响山东的热带气旋气候特征

影响山东的热带气旋，最早出现在 5 月下旬，最晚出现在 11 月上旬。其中，有 86.2%出现于 7—9 月，尤以 8 月中旬最为集中。而登陆山东的热带气旋均集中于 7—8 月出现，登陆地点大多在胶东半岛一带。

据 1949—2000 年《台风年鉴》资料统计，这期间直接影响山东省造成大风或降雨的热带气旋总共为 106 个，即年平均 2 个左右，最多年份 4 个，最少年份一个也没有(图 2.1)。其中，直接登陆或移至山东的，年平均仅 0.75 个，相当于每 4 年 3 遇；而中心进入山东境内的热带气旋平均 3 年才出现一次。

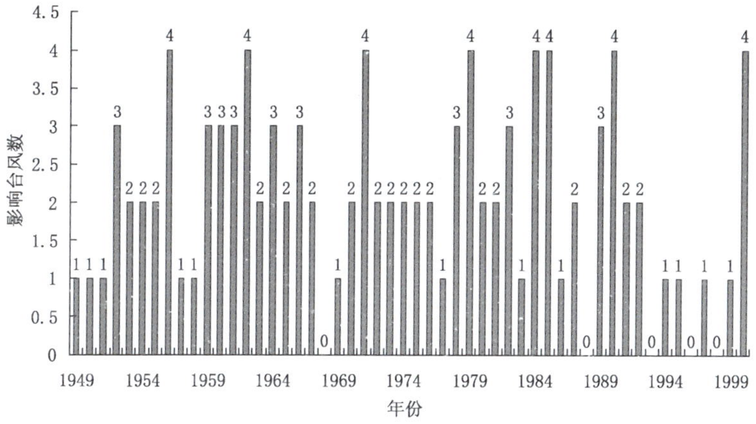

图 2.1　1949—2000 年影响山东的台风个数分布图

2.1.3 热带气旋的影响

台风通常给影响地区带来充沛的雨水，但由于它带来的狂风暴雨破坏力大，极易造成巨大灾害，是世界上最严重的自然灾害之一。台风的破坏力主要由强风、暴雨和风暴潮三个因素引起(图 2.2)。

图 2.2　台风过后

受热带气旋影响所造成的大风，主要出现在山东省沿海海面，并由沿海向内陆明显减小。由热带气旋活动造成大风次数最多的是朝连岛、千里岩、成山头和陀矶岛等海岛，平均每年出现热带气旋大风1.5～1.8次，而内陆地区因台风造成的大风平均每年还不足0.2次。热带气旋影响山东时，最大风力一般为6～9级。

由热带气旋造成的暴雨，集中出现于山东半岛东部和鲁东南地区，每年平均出现热带气旋暴雨1～1.2次。鲁西南最少，年均每5年出现1次。

热带气旋造成的暴雨极大值，大都出现在胶东丘陵、鲁中南山地的东南坡及微山湖一带。由热带气旋影响造成的最强一次暴雨出现于1971年8月9日，当日内，微山县的夏镇24小时降雨量为558.5毫米。

1985年第9号台风于8月19日上午10时左右在山东省胶南登陆并穿过胶东半岛。台风登陆后，阵风达12级，最大风速每秒30米，伴随特大暴雨，袭击了青岛、烟台两市全部和潍坊市东部、临沂地区东北部的30多个县市。暴雨中心最大3天降雨量达646毫米。造成河道、水库洪水猛涨，不少水文站水位超过了建站以来最高水位，整个胶东半岛汛情紧急。

热带气旋造成的风暴潮(图2.3)能使水位上升5～6米，当台风风暴潮与天文大潮高潮位相遇时，产生高频率的潮位，导致潮水漫溢、海堤溃决、冲毁房屋和各类建筑设施、淹没城镇和农田，造成大量人员伤亡和财产损失(图2.4)。风暴潮还会造成海岸侵蚀，海水倒灌造成土地盐渍化等灾害。例如1992年16号强热带风暴登陆北上后，于9月1日自西南向东北方移动，其中心正好穿过胶东半岛从威海市进入黄海北部，山东半岛南北两岸都吹向岸风。当时又正值天文大潮期，大风吹送海潮涌向陆地，使山东省沿岸海水陡涨，日照市石臼所潮位站最高潮位5.53米，为有记载以来的首位；莱州湾羊角沟潮位站最高潮位6.45米，超过警戒水位0.95米，造成了严重经济损失。

图 2.3 台风引发的风暴潮

图 2.4 台风侵袭

2.1.4 热带气旋的防御

台风防御的重点是防大风、洪涝、风暴潮。主要措施有：

(1)在每年热带气旋季节到来之前，要组织好抢险队伍，做好防御热带气旋的准备工作。

(2)做好相关物质准备，如手电筒、蜡烛、收音机、食物、饮用水、常用药品、通讯设备、漂浮器材等以备急需。

(3)在台风来临前要检查加固各类危旧住房、厂房、工棚、临时建筑、在建工程、市政公用设施(如路灯)、吊机、施工电梯、脚手架、电线杆、高压线、树木、广告牌、铁塔等，家庭要注意室外易被吹倒的物品如太阳能热水器、电视天线等加固，将养在室外的动植物及其他物品移至室内(特别是楼顶、凉台上的花盆、杂物)。

(4)不要去台风经过的地区旅游，更不要在台风影响期间到海滩游泳或驾船出海；已出海船舶要及时回港、固锚，船上人员必须上岸避风。

(5)高危险区域及易发崩塌、滑坡、泥石流等地质灾害的山区陡坡、矿山岩石、坡脚沟口等危险地段的人员必须撤离到安全地带。

(6)处在易洪易涝低洼地段的仓库、堆场、商场等，要组织转移物资；成熟的农作物(或果子)要突击组织抢收回仓，各类塑料大棚要绑扎加固。

(7)不要靠近大树、广告牌、电线杆、高压线、高层建筑物及危房，以免被砸、被压或触电。不要在河、湖、海的路堤或桥上行走，不要在强风影响区域开车。

(8)台风暴雨造成洪涝时，要迅速判断周边环境，尽快向山上或较高地方转移，山洪暴发时，不要沿行洪道方向跑，而要向两侧快速躲避，更不要轻易游泳涉水过河。若有泥石流发生时，切记向泥石流两侧的方向逃生。不要攀爬带电的电线杆、铁塔，也不要爬到泥坯房的屋顶(浸水易倒)。

(9)大风易刮断高压线，当发现电线断头下垂(地面积水也带电)，外出时要迅速远避，千万不要涉水而过以防触电伤人(切断电源，通知电力公司抢修)。

(10)台风严重影响时期，建筑工地停止施工，高空、海涂、山上等户外作业人员暂停作业，中小学、幼儿园停止上课，露天集体活动宣布暂停，并做好人员疏散工作。

(11)要提前排放水库和塘坝的过量蓄水，以便腾出库容，尽量减少暴雨的危害。

(12)及时收听(看)气象台站发布的最新台风信息，了解台风影响情况。

2.2 暴雨

2.2.1 定义

暴雨是指 24 小时雨量大于或等于 50 毫米或 12 小时雨量大于或等于 30 毫米的降雨。24 小时雨量 100～249.9 毫米为大暴雨，24 小时超过 250 毫米为特大暴雨(表 2.2)。

表 2.2 雨量等级表

雨量等级	毫米/12 小时	毫米/24 小时
小雨	0.1～4.9	0.1～9.9
中雨	5.0～14.9	10.0～24.9
大雨	15.0～29.9	25.0～49.9
暴雨	30.0～69.9	50.0～99.9
大暴雨	70.0～139.9	100.0～249.9
特大暴雨	≥140.0	≥250.0

2.2.2 山东暴雨气候特征

山东的暴雨多出现在 6 月下旬至 9 月上旬，主要集中在 7 月上旬、下旬和 8 月中旬。各地暴雨平均初日在 6 月下旬至 7 月上旬之间，鲁南和半岛东部较早，鲁北和半岛西部较晚，平均终日在 8 月上旬至下旬，鲁北和鲁中山区北部结束较早，鲁南和半岛东部结束较晚。各地暴雨最早初日一般在 4、5 月份，最晚终日大多在 10 月份。

山东的年平均暴雨日数自东南向西北减少，鲁东南和半岛南部在 2.5 天以上，鲁西北地区的北部在 1.5 天以下，其他地区一般在 1.5～2.5 天之间。

2.2.3 暴雨的影响

暴雨来得快，雨势猛，尤其是大范围持续性暴雨、特大暴雨，不仅影响工农业生产，而且可能危害人民的生命，造成严重的经济损失。

暴雨的危害主要有两种：

(1)渍涝危害。由于暴雨急而大，如果排水不畅，易引起积水成涝，土壤孔隙被水充满，造成陆生植物根系缺氧，使根系生理活动受到抑制，使作物受害而减产(图 2.5)。

图 2.5 2010 年 8 月 9 日德州境内因暴雨受淹的棉田

(2)洪涝灾害。由于长时间、大面积降雨以及江河湖泊堤坝溃决等原因，致使单位时间内单位截面上的水流流量突然增大，超出水道的天然或人工限制界限的异常高水位水流，称之为洪水，而由此造成的灾害叫洪涝灾害。由暴雨引起的洪涝淹没作物，使作物新陈代谢难以正常进行而发生各种伤害，淹水越深，淹没时间越长，危害越严重(图 2.6)。特大暴雨引起的山洪暴发、河流泛滥，不仅危害农作物、果树、林业和渔业，而且还冲毁农舍和工农业设施，甚至造成人畜伤亡，经济损失严重。我国历史上的洪涝灾害，几乎都是由暴雨引起的，像 1954 年 7 月长江流域大洪涝，1963 年 8 月河北的洪水，1975 年 8 月河南大涝灾，1998 年我国全流域特大洪涝灾害等都是由暴雨引起的。

图 2.6 2010 年 8 月 10 日山东聊城遭遇 54 年来第二个强降水日

(3)城市渍涝。暴雨造成城市交通混乱,供电中断,给城市居民生活带来危害,甚至危及生命。如 2007 年济南“7·18”暴雨造成 30 多人死亡,城市交通瘫痪,商场被淹,灾情相当严重。

(4)洪涝灾害还常常伴随泥石流、滑坡、山崩,以及化工设施毁坏后所发生的化学事故和灾后出现的瘟疫、饥荒等衍生灾害,使灾情趋于复杂化、扩大化(图 2.7)。

图 2.7 暴雨导致的山体滑坡

2.2.4 暴雨的防御

(1)做好必要物质储备如水、食物、手电筒等以防断电断水。

(2)地势低洼的居民住宅区,可因地制宜地采取“小包围”措施,如砌围墙、大门口放置挡水板、配置小型抽水泵等。

(3)及时疏通下水道,防止堵塞造成暴雨时积水成灾。

(4)居民楼底层居民家中的电器插座、开关等应移装在离地1米以上的安全地方。一旦室外积水漫进屋内,应及时切断电源,防止触电伤人。

(5)减少外出,必须出行时在积水中行走要注意观察,防止跌入窨井或坑、洞中,不要穿越桥下、涵洞等低洼容易积水处。

(6)居住在病险水库下游、山体易滑坡地带、低洼地带、有结构安全隐患房屋等危险区域人群应转移到安全区域。

(7)被洪水浸泡过的房屋不要马上入住,应进行安全检查后才入住。

(8)暴雨洪涝严重影响时期,室外生产活动停止,中小学、幼儿园停止上课,露天集体活动暂停,并做好人员疏散工作。

(9)暴雨易引发泥石流、山洪,在沟谷内游玩时遇暴雨不要向低洼的山谷和险峻的山坡下躲避。发现泥石流、山洪来临时,不要顺着山沟往下跑,要向垂直方向的两面山坡爬,离开沟道、河谷地带。

(10)已经撤离到安全区域后,在暴雨停止后不要急于返回沟内收拾物品。

2.3 冰雹

2.3.1 定义

冰雹,简称“雹”,俗称雹子,也称冷子或冷蛋,是从发展强盛的积雨云中降落到地面的冰球或冰块。其直径一般为5～50毫米,大的可达十几厘米以上(图2.8)。

图2.8 落在草地的冰雹

2.3.2 山东冰雹气候特征

从灾害发生的次数看,山东冰雹具有山区多于平原,鲁中、鲁西北地区多于鲁西南地区的特征,尤以鲁中山区出现的机会最多。一般年份每年全省有 25～30 天出现冰雹天气,其中绝大部分为局地降雹或小范围降雹。

山东省的冰雹灾害最主要发生在春末夏初(4—7 月)和初秋(9—10 月)时节,最早出现于 2 月中旬,最晚出现在 12 月上旬,主要集中出现于 4—10 月份,其中,尤以 6 月份冰雹天气最多,约占全年的 30%(图 2.9)。

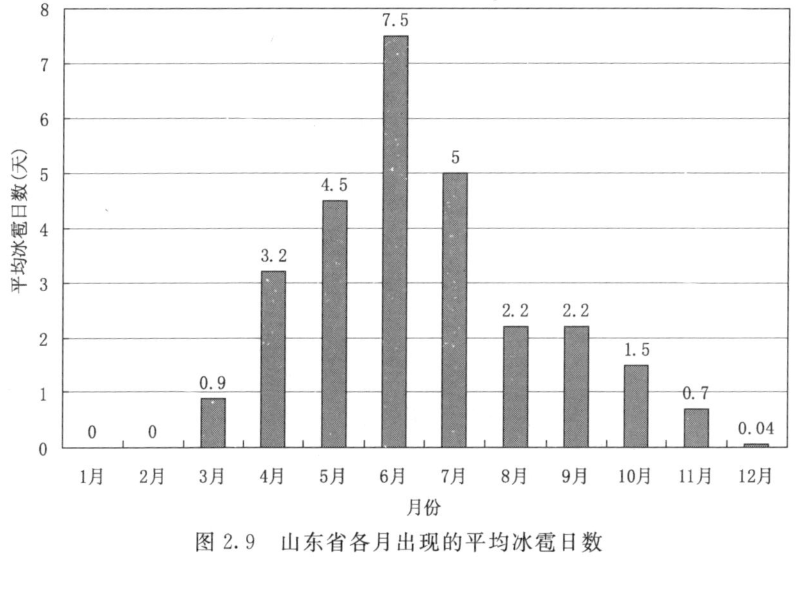

图 2.9 山东省各月出现的平均冰雹日数

多雹区的地理分布有较明显的季节变化:4 月多雹区出现于易受热增温的山区西南部,如泰沂山区、枣庄市、莱西附近及鲁西北地区;6 月多雹区主要分布在易受冷空气影响的地区,如鲁北、鲁中山区东部及山东半岛西北部;7 月进入雨季,冷空气势力减弱北退,多雹区也北移至鲁中山区的西北部,秋季多雹区则主要分布在胶东半岛和鲁西北一带。

冰雹多出现于下午到上半夜，后半夜到上午出现的机会最少，其中，出现在13—19时的冰雹天气约占67.7%，即2/3以上的冰雹天气都出现在下午到傍晚。夜间降雹的概率只占13%。

2.3.3 冰雹的影响

冰雹天气产生时，往往伴有强雷雨、突发性大风和龙卷风等，具有突发性强、破坏力大、生命史短的特点，冰雹灾害是山东省频繁发生较严重的一种气象灾害。冰雹天气可毁坏庄稼，砸坏房屋，损坏树木、电杆，中断通讯和供电，导致停工停产，造成人畜伤亡。冰雹天气对农业生产的危害，主要是降雹对农作物的枝叶、茎秆、果实等造成机械性损伤，有时短时间的降雹即可将生长旺盛的春作物和将成熟的小麦摧毁殆尽(图2.10)。如1985年6月1日，济南、烟台、枣庄、德州、菏泽等11个地市的35个县(市)、282个乡镇遭受冰雹袭击。这次降雹的同时出现大风和暴雨，连续降雹10～15分钟，冰雹大小一般如大枣、核桃，大的如鸡蛋，冰雹积厚一般10余厘米，有的达30～40厘米。据调查核实，这次降雹全省受灾农作物面积达390余万亩，其中小麦290余万亩*，损失小麦6亿多斤**，刮倒、折断树木110多万棵，刮倒电线杆6900

图2.10 遭受冰雹重灾的棉田

* 1亩=0.0667公顷。

** 1斤=0.5千克。

余根，损失房屋 89000 间，砸伤 4100 多人，死亡 8 人，死伤牲畜 3900 多头、家禽 117 万余只。

2.3.4　冰雹的防御

(1)注意收听收看当地的天气预报，了解天气变化趋势，做好防雹准备。

(2)多雹灾地区降雹季节，农民下地随身携带防雹工具，如竹篮、柳条筐等，以减少人身伤亡。当冰雹来临时，要迅速在最近处找到带有顶棚、能够防雹的安全场所，防止冰雹的袭击；如在室外，应用雨具或其他代用品保护头部，并尽快转移到室内，以免造成人、畜的伤亡。

(3)增种抗雹和恢复能力强的农作物，或调整播种期，使农作物的主要发育阶段避开多雹期，成熟的作物及时抢收。

(4)植树造林，平原林网化，可以避免太阳直射地面引起的突然增温，抑制对流的形成和发展，从而减少冰雹的发生。

(5)遭受雹灾后，根据受灾轻重和生长阶段，决定是否保留、翻种或改种。对于要保留的农作物不要割除残枝、残叶、残穗，要抓紧中耕松土，移栽补缺，并及时追肥浇水。严重缺苗的地块，可以补种早熟品种作物，若丧失恢复生长能力，应及时翻种。

2.4　寒潮

2.4.1　定义

寒潮是冬半年山东省的重要灾害性天气。指受强冷空气影响，引起的大范围的剧烈降温和偏北大风，并伴有雨雪天气。常常会形成低温严寒和霜冻(冰冻)天气(低温冻害)。

根据中国气象局有关规定，寒潮标准为：48 小时内最低气温将要下降 8℃以上，最低气温小于或等于 4℃，陆地平均风力可达 5 级以上；或者已经下降 8℃以上，最低气温小于或等于 4℃，平均风力达 5 级以上，并可能持续。

2.4.2 山东寒潮气候特征

1971—2000 年 30 年间山东省共出现 71 次寒潮，平均每年 2.4 次，出现最多的是 1979—1980 年度，共出现 6 次，1977—1978 和 1991—1992 两个年度没有出现寒潮。

寒潮影响山东的时间自 10 月下旬开始，至次年 4 月下旬终止，11 月份次数最多，4 月份次数最少(图 2.11)。1949—2000 年间，山东有 41 年出现不同程度的低温冻害，占总年数的 79%。

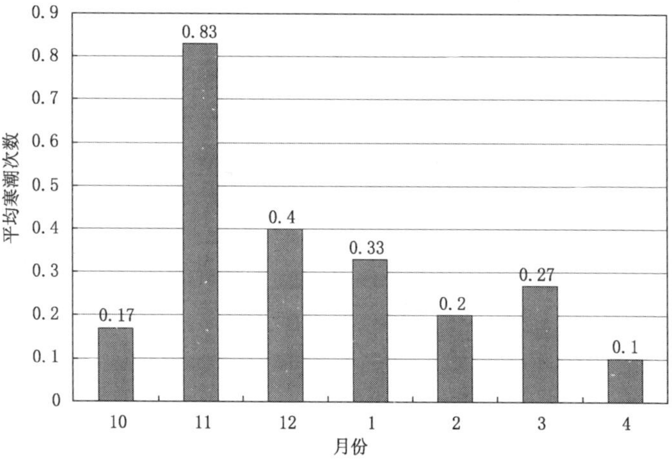

图 2.11 山东省平均各月寒潮出现的次数图

2.4.3 寒潮的影响

寒潮暴发时，温度、风、降水等气象要素变化剧烈，容易产生降温、大风、雨凇、霜冻等气象灾害。寒潮影响山东时，沿海海面出现 7～9 级偏北大风，山东半岛内陆出现 6 级以上大风，其他内陆地区出现 6 级以上大风几率也在 60%以上。寒潮影响山东时，一般都有降水。各地的降水概率不同，以鲁西北最大，鲁中和半岛次之，鲁南最小，过程降水量以小雨(雪)最多，但中到大雨(雪)也占相当大的比重，特别是山东半岛地区，寒潮影响造成中雨(雪)以上降水约占一半。寒潮影响最明显的特征是:气温明显下降,日平均气温和最低、最高气温降幅都很大。

寒潮和强冷空气出现时产生的低温冻害、大风、积雪,不仅使农业受到损害,也给其他行业带来危害;秋季的寒潮及低温,使晚秋作物和牲畜受到冻害;冬季的寒潮大风、积雪使冬季蔬菜大棚受损,春季的寒潮及低温,冻伤小麦、果树花蕊、作物幼芽。寒潮低温,河流封冻,出现凌汛,冻坏室外的各种设备和各种管道,酿成事故;寒潮大风不仅影响航运安全,威胁海上作业安全,还会毁坏建筑,刮断电线,影响通讯设施和电力供应,影响人们的正常生活和生产。

2.4.4 寒潮的防御

(1)关好门窗,加固室外搭建物,给城市管道增加保温层。

(2)注意添衣保暖,尤其是老弱病人的防护,减少外出。

(3)船舶应进港避风,高空、水上等户外作业停止。

(4)处于危旧房屋内的人员要视风、雨雪情况进行撤离。

(5)如遇道路有积雪和冰冻,出门当心路滑跌倒,少骑自行车。汽车要采取防滑措施,服从交通指挥,慢速安全驾驶,行人要注意远离或避让汽车(图 2.12)。

图 2.12 积雪路面上缓慢行驶的汽车

(6)农业生产上遇寒潮、低温、冰冻时,对生产设施(大棚等)进行加固,露地作物通过田间灌溉、覆盖薄膜、草木灰、草帘、熏烟、喷洒防冻液等减少冻害，对家畜、水产品采取防冻措施。

(7)砖瓦厂保温防冻、新浇水泥要覆盖防冻。

2.5　大雪

2.5.1　定义

雪是大气中的水汽遇冷，急剧凝冻(凝华)形成的白色固态降水。按照降水量强度，降雪分为小雪、中雪、大雪和暴雪4个等级(表2.3)。

表2.3　降雪量等级

等级	24小时降雪量
小雪	0.1～2.4毫米
中雪	2.5～4.9毫米
大雪	5.0～9.9毫米
暴雪	大于或等于10毫米

如果有降雪而没有形成积雪，一般称之为“零星小雪”。当24小时降雪20.0～29.9毫米为大暴雪；降雪量超过30.0毫米为特大暴雪。

大雪天气多发生在冬季和初春。降雪致灾主要是因为积雪以及降雪时造成的低能见度(图2.13)。

图2.13　大雪过后

2.5.2 山东降雪气候特征

山东降雪开始日期一般在11月底到12月初，半岛地区比鲁南约早一个月左右，最早在10月中旬到11月初。降雪终期多在3月中旬，半岛地区比鲁南晚10～15天，个别年份春季冷空气很强时，4月下旬至5月初还可能出现降雪。

山东省冬季降雪日数，平原地区为7～9天，鲁中山区10天左右，山东半岛北部最多，可达20天以上。各地积雪日一般出现在11月份到4月份，大部分地区在1月份积雪日数最多。

2.5.3 降雪的影响

大雪对交通影响很大，降大雪时若不能及时清理路面，极易造成交通中断；降大雪时由于能见度低，会造成高速公路关闭和航运、航空停运（图2.14）；大雪还易压断通讯、输电线路；降雪往往伴随大风和降温，雪后气温骤降，出现持续严重冰冻，如不及时采取防范措施，会发生冻害，对生活生产影响很大；厚的积雪还会压坏蔬菜大棚，使农作物遭受冻害，积雪也能遮挡大棚的光照，影响作物生长。如：1997年1月4日20时至6日8时，烟台全市10个县（市区）的51处乡镇遭受暴雪袭

图2.14 烟台被大雪掩埋的汽车

击，平均降雪 19.2 毫米，最大 46.5 毫米。这次降雪时间持续长，降雪量大，给交通运输和工农业生产造成重大损失，有的企业因交通中断无法运送原材料和产品，造成停产、半停产，交通事故增加，蔬菜大棚因积雪过重被压倒、压垮，蔬菜、草莓等经济作物冻坏，损失惨重。据统计，全市损坏大棚 11 788 个，成灾面积 397.1 公顷，造成农业直接经济损失 1855.7 万元，同时造成交通业、工业经济损失 3600 万元，全市直接经济损失 5455.7 万元。

2.5.4 雪灾的防御

（1）做好防寒保暖工作，减少出行，贮备足够的食物和水，必须外出时采取保暖措施，不穿硬底或光滑底的鞋，避免摔伤。

（2）如果在室外，要远离广告牌、临时搭建物和老树，避免砸伤。

（3）非机动车应给轮胎少量放气，以增加轮胎与路面的摩擦力。驾驶汽车时要慢速行驶并与前车保持距离。车辆拐弯前要提前减速，避免踩急刹车。有条件要安装防滑链，佩戴色镜。

（4）要听从交通民警指挥，服从交通疏导安排。

（5）交通部门做好道路融雪融冰准备，如遇道路积雪结冰严重，可关闭道路交通。

（6）出现交通事故后，应在现场后方设置明显标志，以防连环撞车事故发生。

（7）如果发生断电事故，要及时报告电力部门迅速处理。

（8）注意收听天气预报和交通信息，避免因机场、高速公路、轮渡码头等停航或封闭而耽误出行。

（9）及时开展道路积雪清扫，树木积雪清除，在确保安全的情况下清除房顶积雪。

（10）农作物采取覆盖等防冻措施，大棚等设施要及时除雪，防止压垮。

（11）如果被积雪围困要及时拨打报警电话求救。

2.6 霜冻

2.6.1 定义

霜冻是指在温暖的春秋季节，地面温度短时降到0℃以下，使作物受到冻害的现象（图2.15）。

图2.15 遭受冻害的白菜

2.6.2 霜冻的划分

从发生霜冻的季节来看，可以分为早霜冻和晚霜冻。

早霜冻是指秋末冬初发生的，危害秋作物和越冬作物的霜冻，也称为秋霜冻。

晚霜冻是在初春气温回暖季节里，受北方强冷空气南下影响，使作物遭受冻害或死亡的一种严寒现象，也称为春霜冻。

从产生霜冻的气象条件来看，霜冻可以分为：平流型霜冻、辐射型霜冻和混合型霜冻。

平流型霜冻，是由于冷空气入侵造成的霜冻，由于冷空气入侵需要经历一个过程，少则一两天，多则数日，持续时间长，降温幅度大，往往大面积影响作物或果蔬。

辐射型霜冻，是指晴朗的夜晚，由于地面热辐射强烈，导致气温降低，冷空气下沉造成的霜冻。这种霜冻，影响时间短，降温幅度相对小一些，霜冻危害程度受地形影响较大。

混合型霜冻，是指既有冷空气入侵，又有强烈的辐射，因此，也叫平流辐射型霜冻。

2.6.3 初霜日和终霜日

山东省平均初霜日以鲁中部分地区和半岛中部的个别地区出现较早，在10月18日以前出现，沿海的大部分地区及济南、东明的初霜日较晚，出现在10月28日以后。莱阳出现最早，10月13日出现，成山头出现最晚，为次年的1月13日。

山东省平均终霜日以鲁中部分地区及半岛中部的部分地区出现较晚，出现在4月11日以后；鲁北北部、鲁西大部、鲁西南少数地区、东南部沿海及东部沿海终霜日出现较早，在4月1日以前；济南终霜日出现最早，3月18日出现，临朐出现最晚，4月23日出现。

历年初、终霜日差别也很大，最早初霜日，半岛中部和鲁中个别地区在9月中下旬，半岛大部、鲁南局部在10月中下旬，其他多在10月上旬；最早初霜冻日在9月10日，出现在崂山。最晚终霜冻，半岛东部沿海及鲁西北个别地区在4月上中旬，半岛内陆及鲁中局部地区在5月中下旬，其他地区大都在4月下旬到5月上旬；最晚终霜冻在5月30日，出现在乳山。

2.6.4 受害指标

(1)小麦拔节后5天内出现－1℃低温，受轻霜冻，气温－5～－3℃，持续4小时以上，幼穗冻死；拔节6～10天内、11～15天和15天以后，受害温度指标分别是－3～－2℃、－2～0.5℃、0.0℃。拔节后6～15天内，0℃以下低温，茎节受冻。

(2)棉苗轻霜冻指标为地温0℃左右，相当于最低气温3～4℃；重霜冻指标为地温－1℃以下，相当于最低气温2℃。

(3)梨、苹果、桃树开花期，最低气温－2～－1℃时开始受冻，幼果期为−1.1～1.7℃。

2.6.5 山东霜冻出现的年份及影响

由于山东的地形复杂，霜冻危害的程度不一样，通常低洼地区的最低温度要比高岗地区低1～3℃。山东省地形起伏，土壤性质差异较大，不同作物或同一作物不同品种，不同发育期抗寒性不同，所以每次霜冻危害的分布是不连续、不均一的。大范围霜冻的出现，均系平流和辐射两个因素所致。冷空气南下，鲁北平原首当其冲。南下时，受鲁中山地和半岛中部丘陵所阻，冷空气在低洼处堆积。所以这些地区的霜冻出现最早，结束最迟，霜冻期长。南部地区由于冷空气受山地所阻，沿海地区因受海温调节，所以这些地区较省内其他地区初霜冻晚，终霜早，霜冻期短，无霜冻期长。

霜冻危害程度与影响范围和各地种植的作物有关，山东初霜冻一般影响晚熟玉米和晚熟果树，终霜冻一般影响冬小麦、果树、蔬菜、春播作物播种和苗期。1971—2000年，出现初霜冻灾害的年份有：1971、1972、1984、1985、1988、1991、1999年，共7年；出现终霜冻灾害的年份：1971、1972、1983、1984、1985、1986、1987、1988、1989、1990、1991、1993、1995、1999年，共14年。终霜冻受害年份明显多于初霜冻，终霜冻的影响范围及危害程度远远大于初霜冻。主要危害到拔节期的小麦、棉花苗期生长和樱桃、杏、苹果、梨等开花期的果树。2000年以后，山东省农作物受到晚霜冻危害的频率越来越高。

2001年3月26—27日，山东出现大范围雨雪天气过程，气温随之急剧下降，28日最低气温达−6.8℃(临朐)，日照、滨州、菏泽、泰安、济宁、德州、枣庄、聊城八市35县(市、区)小麦、林果和蔬菜等遭受严重的低温、霜冻灾害。据民政部门初步统计：农作物受灾面积78.6万公顷，成灾面积39.13万公顷，绝收面积10.98万公顷；12万公顷果园受到严重损害，大棚蔬菜损失严重。总计直接经济损失逾35亿元。

2002年4月24—25日，鲁中及胶东半岛大部地区气温骤降，潍坊、青岛、日照、烟台、淄博、临沂、莱芜、滨州八市43县(市、区)的葡萄、苹果、桃树、桑苗、黄烟等果业作物和小麦、蔬菜等遭受严重低温霜冻灾害。据民政部门初步统计:农作物受灾面积 51.16 万公顷,成灾面积 38.69 万公顷,其中绝产面积 13.18 万公顷,造成直接经济损失逾 64 亿元。

2004 年 4 月 23—24 日,烟台、潍坊、青岛三市 12 县(市)遭受低温冻害。部分地区气温降至−2.5℃,使各类农作物遭受严重损失。受灾作物主要是小麦、果树、蔬菜等。据民政部门初步统计:农作物受灾面积 14.42 万公顷,绝收面积 3.09 万公顷,直接经济损失 22.77 亿元。

2010 年 4 月 13—14 日山东部分地区出现霜冻,商河最低气温为−3.3℃。德州、聊城、淄博、菏泽、临沂、潍坊等 6 市 12 县(区)不同程度受灾。低温天气使处于拔节期的小麦、生长期的早春西瓜、大棚蔬菜、春播马铃薯和盛花期杏树、樱桃等遭受不同程度的冻害。据民政部门初步统计,全省受灾人口 56.3 万人;农作物受灾面积 5.37 万公顷(80.6 万亩),其中成灾面积 4.32 万公顷(64.8 万亩);农业直接经济损失 4.3 亿元。

2.6.6 霜冻的防御

当气象部门预报将出现低温天气时,要及时采取防冻措施,争取把灾害减少到最低程度。

(1)种植耐寒作物,培育抗寒高产品种。

(2)加强田间管理,促使作物提前成熟;采取先进的栽培技术,提高作物的耐寒能力。

(3)根据气象预报,选择适宜的播种期及早熟品种,避过霜冻危害时期。

(4)设置风障或使用暖房、阳畦等进行育苗及栽培作物。

(5)果树开花前注意收听、收看天气预报,在寒流来临前浇水降地温,使开花期延迟 2～3 天,避开倒春寒。

(6)喷水法防冻。在霜冻出现前,用温度为 10℃左右的水,喷到树体上,增加热量,减缓温度下降速度,水结冰时,还会放出大量的潜热,一边结冰,一边喷水,保证树体温度不低于 0℃,效果非常好。

(7)喷洒果树防冻剂。在霜冻发生前 1～2 天,喷果树防冻液,防冻效果极佳。

(8)冷空气过后,对没有发生冻害正在开放的花,及时进行人工辅助受粉。

(9)灌水法。就是在霜冻来临前,田里灌满水,增加近地面层空气湿度,保护地面热量不散失,提高空气温度。灌水一般可使空气温度升高 2℃左右。

(10)熏烟法。就是霜冻来的凌晨,在果园周围燃烧杂草、残枝落叶或发烟无毒的化学药剂,如红磷、硫黄、萘等,在果园上方形成一层烟雾,保持到太阳升起。防止地面热量散失,一般能使近地面层空气温度升高 1～2℃。

(11)覆盖法。在面积不太大的小范围内,用草帘、稻草或其他物质覆盖作物、果树,广泛使用的是塑料薄膜保温。兴建大田日光大棚,是覆盖法的一种发展。

2.7 大风

2.7.1 定义

在陆地,平均(10 分钟或 2 分钟)风速≥14 米/秒(风力达到 6 级以上)或阵风风速≥17 米/秒(风力达到 8 级以上)称大风。

2.7.2 山东大风气候特征

山东省地处中纬度地带,属暖温带大陆性季风气候,四季分明。冬季冷空气活动频繁,常刮偏北大风,春秋过渡季节,又因冷暖空气交换加剧,偏北与偏南大风交替出现,夏季除受台风影响出现大风外,强对流天气造成的短时大风也时有发生。

山东省沿海地区的大风日数明显多于内陆,半岛的东部沿海最多,鲁中山区最少。据 1971—2000 年资料,山东各地年平均大风日数,半岛的东部沿海地区多数在 60～80 天之间,其中成山头最多为 101.5 天;半岛内陆和鲁北地区多数为 20～40 天;鲁中山区最少,一般都在

10 天以下；其他地区多数在 10～20 天之间。泰山的大风日数高达 133.1 天。沿海地区强风日数较多；内陆地区的强风日数甚少，且主要出现在半岛内陆。

山东半岛的烟台至青岛一带大风日数主要集中在 11 月至翌年 5 月，多数站点以 4 月最多，其次是 5 月，4—5 月每月一般为 9～10 天，青岛的大风日数最多月出现在 11 月，每月 6～7 天；这些地区一般是 8 月或 9 月的大风日数最少，每月一般在 2～3 天；其他月份一般在 4～8 天。除上述地区外，其他地区都是春季的大风日数最多，其次是冬季，8—9 月份最少；各地大风日数最多的月份都出现在 4 月，以鲁西北地区最多，多数在 5 天左右，其他地区多在 2 天左右；8—9 月份内陆地区的大风日数一般都不足 1 天。

2.7.3 大风的影响

大风是山东省一年四季中最常见的一种灾害性天气，往往给生产建设、海上运输、航运、捕捞、水产养殖、石油开发及城市高耸建筑物、广告牌和人民生命财产造成巨大的损失或威胁（图 2.16）。

图 2.16 被大风刮断的大树

大风造成的海上灾害主要是风浪造成的翻船和风暴潮引起的海水

倒灌对近海设施和港口的破坏。陆上大风灾害主要发生在夏季和春末，多由强对流天气（如飑线、龙卷风等）造成，其持续时间虽短，但破坏力很大。强对流天气造成的风灾，往往比雹灾更严重，其中尤以飑线大风和龙卷风危害最大。如2001年8月23—24日，德州、济南、滨州、莱芜、淄博、临沂、日照、青岛、潍坊等9市的近30个县先后遭受不同程度的暴风、冰雹灾害，冰雹持续时间长，并伴随着大雨，冰雹直径大的约4～5厘米，短时风力达7～8级，部分地区阵风达11级。受灾区的农作物和经济作物损失严重，尤其是林果基本绝产，黄烟、棉花多数被砸成光秆，大片玉米倒伏和折断（图2.17）。据统计，农作物受灾约20多万公顷，倒折树木近300万株，刮倒线杆万余根，刮毁、损坏大棚上千个，毁坏、倒塌、损坏房屋近15万间，因灾伤亡91人，砸死各类禽畜十几万头。直接经济损失达16亿多元。

图2.17 大风过后的玉米地

2.7.4 大风的防御

（1）尽量减少外出，必须外出时少骑自行车，不要在广告牌、临时搭建筑物下面逗留、避风。

（2）正在开车时，应将车辆驶入地下停车场或隐蔽处。

(3)如果住在帐篷里,应立刻收起帐篷到坚固结实的房屋中避风。

(4)如果在水面作业或游泳,应立刻上岸避风,船舶要听从指挥,回港避风,帆船应尽早放下船帆。

(5)在房间里要小心关好窗户,在窗玻璃上贴上"米"字形胶布,防止玻璃破碎,远离窗口,避免强风席卷沙石击破玻璃伤人。

(6)在公共场所,应向指定地点疏散。

(7)农业生产设施应及时加固,成熟的作物尽快抢收。

(8)架设临时风障,避免作物和塑料大棚、温室、阳畦等遭受寒潮大风的侵袭,可在其北侧架设 1～2 米的风障,能够起到有效防风的作用。

2.8 沙尘暴

2.8.1 定义

按照"沙尘暴天气等级(GB/T 20480—2006)",沙尘天气分为浮尘、扬沙、沙尘暴、强沙尘暴、特强沙尘暴五类(表 2.4)。

表 2.4 沙尘天气的分类

名称	定义
浮尘	尘土、细沙均匀地浮游在空中,使水平能见度小于 10 千米的天气现象
扬沙	风将地面尘沙吹起,使空气相当混浊,水平能见度在 1 千米至 10 千米以内的天气现象
沙尘暴	强风将地面大量尘沙吹起,使空气很混浊,水平能见度小于 1 千米的天气现象
强沙尘暴	大风将地面尘沙吹起,使空气非常混浊,水平能见度小于 500 米的天气现象
特强沙尘暴	狂风将地面大量尘沙吹起,使空气特别混浊,水平能见度小于 50 米的天气现象

2.8.2 山东沙尘暴天气气候特征

山东沙尘暴灾害以春季最多，其次是夏季，秋季极少发生，主要出现在2—6月，4月份最多，其次是3月，多数地区的沙尘暴只出现在3—4月。

山东沙尘暴天气从20世纪70年代中期以后逐年递减，90年代以后略有增加。沙尘暴集中出现在两个阶段：20世纪70年代至80年代中期和90年代中期，其中，70年代是山东沙尘暴天气最频繁的时期。

山东省沙尘暴空间分布特点是西部多，东部少，甚至没有，冠县出现最多。鲁西和鲁北距离我国的沙尘暴源地较近，因而沙尘暴日数也多于省内其他地区。

2.8.3 沙尘暴的影响

沙尘暴的影响主要是4个方面。一是大风摧毁建筑物和公路桥梁、树木和房屋，诱发火灾，引起人畜伤亡，沙尘暴还能造成各种交通事故和飞机（火车）停飞（停运）；二是风沙掩埋农田、灌渠、村舍、铁路、草场等；三是严重污染环境，影响交通及户外活动，对人体健康产生巨大危害；四是风蚀危害刮走农田表层沃土和农作物，加剧土壤风蚀和沙漠化发展，覆盖在植物叶面上厚厚的沙尘还影响正常的光合作用，造成作物减产。

2000年春季山东省就出现了两次沙尘暴天气。3月27—28日，枣庄、济宁、菏泽和潍坊4市的12个县（市、区）遭受了大风袭击，风力最大9级以上，部分地区出现了沙尘暴。4月9日下午，潍坊、日照、淄博、临沂、济南、菏泽、泰安、聊城、青岛、德州、济宁、烟台、莱芜等13市的53个县（市、区）自西向东遭受了强风暴袭击，部分地区伴有严重的沙尘暴天气，风力6～8级，局部阵风10级以上，狂风和沙尘暴所到之处，遮天蔽日，各类大棚、房屋、树木等严重受损，通信线路中断，渔船被损坏，海上作业以及人们的生活和工作受到严重的影响。据统计，此次沙尘暴，造成6人死亡，20人受伤，13人失踪，损坏房屋72 518间，倒塌房屋676间，损坏蔬菜、育苗、养鸡等各类大棚47万余个；海上渔船损坏 78 艘，沉没 2 艘，失踪 1 艘，湖上刮没船只 240 条。灾害造成直接经济损失 9.7 亿元以上。

2.8.4 沙尘暴的防御

(1)关好门窗，可用胶条对窗户进行密封，对精密仪器进行苫盖密封。

(2)待在室内，不要外出，特别是抵抗力较差的人更应该待在门窗紧闭的室内。准备好口罩、纱巾等防尘防风物品。外出时穿戴防尘的衣服、手套、面罩、眼镜等物品。回到房间后应及时清洗面部。

(3)如果是危旧房屋，应马上转移避险。

(4)学校、幼儿园等单位要立即让学生进入室内，关闭门窗。露天集体活动或室内大型集会应及时停止，并做好人员疏散工作。

(5)如在室外，要远离树木、高耸建筑物和广告牌，蹲靠在能避风沙的矮墙处。田间劳动应及时停止，并到安全地方暂避一下。

(6)停止露天建筑等高空作业，对晾晒的物品进行覆盖保护。

(7)电力、通讯部门要注意安全保护，汽车、火车应当减速行驶或者停运，飞机停飞。

(8)如果来不及躲避时，要保持镇静，采取顺着风向趴地，双手抓住坚固物体，将头部放于双臂中间等自我保护措施，减少沙尘对眼睛、呼吸道等造成损伤。

2.9 高温

2.9.1 定义

气象学上，气温在 35℃以上时可称为“高温天气”，如果连续几天最高气温都超过 35℃时，即可称作“高温热浪”天气。一般来说，高温通常有两种情况，一种是气温高而湿度小的干热性高温；另一种是气温高、湿度大的闷热性高温，称为“桑拿天”。

2.9.2 山东高温气候特征

除了成山头和泰山以外，山东各地都可以出现35℃以上的高温天气，各地年平均高温日数从西向东、从南向北递减。鲁西北和鲁西南地区最多，一般是10～11天，济南和高青最多，为12天；半岛东部最少，一般在2天以下；鲁中山区、鲁东南和半岛中部一般在2～6天之间；其他地区一般在7～9天之间。1966年夏季曹县出现了43天高温天气，为全省之最；全省平均87%的高温天气出现在6—7月份，但沿海和内陆地区有差异，半岛和鲁东南沿海地区50%以上的高温天气出现在7月份，约30%的高温天气出现在8月份，只有20%左右的高温出现在6月份。夏季极端最高气温主要出现在6—7月份，最高值为43.7℃(1966年7月19日，曹县)。

2.9.3 高温的影响

高温天气使得土壤湿度、水分明显地减少，土壤容易干裂，影响农作物的生长；高温天气可以影响水的供应，造成部分城市供水短缺；高温天气造成火灾增多，尤其是森林大火；长时期的高温热浪，用电负荷加重，影响了电力供应；在长期的高温天气下，很多内陆的湖泊，都会产生富营养化加剧，发生蓝藻，水质污染就会加重；高温天气同样对建筑、交通产生巨大影响，施工事故、交通安全事故增多；高温天气对人体健康的主要影响是产生中暑以及诱发心、脑血管疾病导致死亡。在夏季闷热的天气里，还易出现热伤风(夏季感冒)、腹泻和皮肤过敏等疾病。

2.9.4 高温的防御

(1)注意防范因用电量过高，以及电线、变压器等电力负载过大而引发火灾、停电，维护电网安全。

(2)针对持续高温可能引起的旱情，要及时浇灌农田。

(3)注意调整高温、露天和高空作业人员的作息时间，对高温岗位采取降温措施。

(4)及时检查各类运输车辆安全状况，防止车辆因为高温、雷电发生自燃、爆燃等事故;车内不要存放易燃、易爆物品;检查灭火装置,保证处于良好状态。

(5)消防、林业等部门要加强防范因用电量过高和电线、变压器等电力负载过大而引发的火灾及因高温而引发的森林火灾。

(6)合理安排高温季节期间的作业时间,配备足够的防暑降温用品和预防中暑、防蚊虫的药品;注意高温天饮食卫生,防止胃肠疾病和食物中毒。

(7)在户外工作时,采取有效防护措施,切忌在太阳下长时间裸晒皮肤,最好带冰凉的饮料。

(8)尽量避开在上午10时至下午4时这一时段出行,应在口渴之前就补充水分;不要在阳光下疾走,也不要到人群聚集的地方。

(9)保持充足睡眠,有规律地生活和工作,增强免疫力;注意对特殊人群的关照,特别是老人和小孩,高温天容易诱发老年人心脑血管疾病和小儿不良症状。

2.10 干旱

2.10.1 定义

干旱是指因久晴无雨或少雨,降水量比常年同期明显偏少(图2.18)。

图2.18 干旱的田地

2.10.2　山东省干旱气候特征

就全省范围而言，每年都有不同程度的干旱灾害发生。据1949—2000年灾情资料统计，除1964年全省无旱灾外，其他年份均有不同程度的旱灾；全省干旱成灾面积在66.7万公顷以上的有30年，平均3年2遇，在133.3万公顷以上的有17年，平均3年一遇，在200万公顷以上的有10年，平均5年一遇。两季连旱经常发生，多为冬春连旱；三季、四季连旱也时有发生，仅在20世纪80年代就分别于1986年、1988年和1989年出现了四季连旱。干旱还常常连年发生，1965—1966年、1981—1983年和1986—1989年，分别出现了2～4年连旱。1959、1966、1968、1981、1983、1988、1989、1992、1997、2000年等年份，全省受旱面积都超过333.3万公顷，占当年全省总耕地面积的二分之一。

山东全年主要的降水都集中在夏季，大部分地区夏季的降水量占全年的62%～70%。其他月份经常干旱少雨，特别在农作物生长期大量需水时期少雨，极易发生旱灾。小麦为山东的主要夏收作物，春季为返青成熟期间，需水量比较大，此期需水量约占全生长期需水的60%～70%。而山东省春季降水量比较稀少，约占年降水量的15%左右，因而小麦缺水比较严重。山东省春季降水量与小麦需水量相比较，多年平均缺水率为57.5%～78.3%。

全省降水量分布的特点是东南部多、西北部少，降水最少的是黄河以北的地区，鲁西北地区降水量少而蒸发量大，为重旱区；鲁东南及东部沿海地区降水量多而蒸发量小为轻干旱区；其他地区为中度干旱区。

2.10.3　干旱的影响

干旱是人类面临的主要自然灾害，造成的灾难性后果仍然比比皆是。随着人类的经济发展和人口膨胀，水资源短缺现象日趋严重，这也直接导致了干旱地区的扩大与干旱化程度的加重，干旱化趋势已成为全球关注的问题。

干旱是山东省的严重灾害之一，给国民经济和人民群众造成重大损失和影响。据省民政部门1996—2000年灾情资料统计，山东省平均每年因干旱使农作物受灾面积 290.5 万公顷，成灾面积 177.2 万公顷，绝收面积 36.3 万公顷，受灾人口 2980.2 万人，成灾人口 1820.4 万人，饮水困难人口 299.1 人，减产粮食 416.9 万吨，94.4 万头大牲畜饮水困难，造成直接经济损失 92.6 亿元，其中农业直接经济损失 80 亿元。

2002 年的年降水量只有 386.4 毫米，创 1951 年以来的最小值，全省出现了严重的夏秋连旱。入夏以后，由于降水少，气温高，蒸发量大，加之抗旱用水量大，致使全省地表蓄水严重不足。到 8 月份，全省约 2300 万人受灾，有 192 万人、90 万头大牲畜出现吃水困难。整个汛期降水量较常年偏少 54%，持续的干旱和连续的高温天气，使农田水分大量蒸发，失墒严重，全省旱情急剧发展，据 9 月 8 日实测墒情分析，全省有 370.7 万公顷农田受旱，其中重旱 122.7 万公顷。

2.10.4 干旱的防治对策

水是生命的源泉、农业的命脉、工业的血液。由于温度升高，蒸发量加大，生产、生活对淡水资源的需求量相应增加，淡水资源的短缺仍将是制约山东省经济可持续发展的重要因素。面对干旱的威胁，要树立长期抗旱的思想。坚持开源与节流并重的方针，搞好水资源的开发利用，实行开发与保护相结合。

(1)充分利用黄河水。黄河流经山东省 9 个市，20 世纪 80 年代平均每年黄河入境水量 374 亿立方米，引黄水量 73 亿立方米，仅占来水量的五分之一。应扩大引黄灌溉面积，增建平原水库引黄蓄水。

(2)合理开发利用地下水。在黄河沿岸、沂水河下游平原和南四湖周边等地下水丰富地区继续打井采水；在沿海地下水负值区和海水入侵区禁止开采。

(3)开发利用空中云水资源。据研究山东省春秋季 9 种主要降雨天气系统的自然降雨效率为 33%～65%，平均增雨潜力为 47.8%。春秋季层状云中有丰富的液态水，但冰晶浓度偏低，表明云水的自然转化效率低。如适量播撒催化剂，增加冰晶浓度，可使更多的云水转化为雨水。

(4)拦蓄利用地表水，加固和增建水库，提高蓄水能力。做好水土保持，植树种草，发展林业，防止水土流失，涵养水分，增加水源。改善农田小气候和生态环境。

(5)增强节水意识。强化水资源管理，节约用水。农田灌溉用水约占全省总供水量的90%，但利用率低仅为50%左右，浪费严重。应发展节水型农业，推广农田节水灌溉技术，实行灌溉与旱作并举，节约农业用水，支援工业和生活用水。

(6)加强抗旱减灾对策和技术研究。研究干旱发生规律和预报方法，培育抗旱作物品种，改进抗旱配套技术等。

2.11 干热风

2.11.1 定义

干热风是一种在小麦抽穗、扬花和灌浆期间，出现高温、低湿，并伴有一定风力的农业灾害性天气。干热风亦称“干旱风”，群众俗称“火风”、“旱风”或“西南风”，是一种针对农作物而言的气象灾害。

山东常用的干热风气象指标是：

轻干热风：日最高气温≥32℃，14时相对湿度≤30%，14时风速≥2米/秒；

重干热风：日最高气温≥35℃，14时相对湿度≤25%，14时风速≥3米/秒。

2.11.2 干热风类型

影响山东的干热风有两类：一种是高温低湿型，其特点是大气燥热，地面吹偏南风或西南风，主要是通过高温的热害加低湿的干害共同作用而危害小麦，风加剧了危害的程度，使植物蒸腾急速增大，植物体内水分失调，导致小麦干尖、炸芒、植株枯黄，秕粒增多，甚至致死；另一种是雨后青枯型，特点是雨后高温或雨后猛晴，在雨和热的共同作用下，造成小麦“沤根”，出现青枯或枯熟。

2.11.3 山东干热风气候特征

山东省发生的干热风灾害出现在春末夏初，即5月中旬至6月上旬，集中出现在5月底至6月上旬，但各地出现时段和频率又略有不同。鲁西南出现较早，集中出现在5月31日至6月5日；鲁西北集中出现在6月3日至8日。

山东省高温低湿型干热风地理分布特点是西北重、沿海轻，由鲁西北向鲁中、鲁东减轻。鲁西北（德州大部、聊城、滨州西半部）为重干热风区；菏泽、东营、淄博三市，聊城、滨州两市大部，德州东南部，潍坊、济宁和泰安一部分为次重干热风区；鲁中山区、烟台西部、济宁、潍坊东部和临沂、枣庄两市为轻干热风区；烟台东部、威海及东南沿海一带为无干热风区。

对于雨后热枯型干热风来讲，分布却有不同，以鲁中、鲁南较重，泰安、临沂、潍坊、枣庄年平均次数为0.3～0.4次，即10年3～4遇；其他地区0.1～0.2次，即10年1～2遇。

各地平均每年出现的干热风天数差异显著，以鲁中北部较多，沿海地区较少；济南干热风天数最多，轻干热风天数达8.5天，重干热风天数达2.7天，青岛最少，轻干热风为0.1天，没有重干热风天气。

2.11.4 干热风的影响

干热风主要是通过高温的热害加低湿的干害共同作用而危害小麦，风加剧了危害的程度，使植物蒸腾急速增大，植物体内水分失调，导致农作物秕粒增多，甚至致死。

由于山东省历年小麦播种面积占总耕地面积的一半以上，所以干热风灾害对农业生产危害很大。历史上，广大农民群众对干热风灾害早就有所认识，如农谚"麦子怕热风，热风减收成"，"禾怕午时风"，"南扬风一场空"等等都反映了干热风对农作物的危害。

1964年是典型的雨后枯熟干热风年。此年春季阴雨，小麦发育不良，锈病严重。5月底到6月4日，天气突晴，出现干热风天气，使小麦提前枯熟6～7天，减产10%～20%。减产较多的如德州平原县吴林公社，减产幅度达50%以上。

1962年是较严重的高温低湿型干热风年，菏泽、临沂出现干热风天气，部分县市估计冬小麦减产2～4成。东明县部分公社，小麦基本上绝产。昌潍地区益都、临朐、安丘、高密县部分公社、寿光县南部地区，估计小麦减产2～6成。海阳出现干热风天气，危害面积16 560公顷，估计小麦减产2成。阳信全县出现干热风天气，小麦减产5成。博兴县轻干热风14天，造成小麦大幅减产。

1965年，3月至6月小麦返青后的发育期间，持续干旱少雨，降水量较常年偏少30%～60%，自5月21日至6月8日，省内各地分别出现了8～13天的干热风天气，全省小麦减产15%～20%。

2.11.5 干热风的防御

(1)选育抗干热风的小麦良种，通过肥水管理等手段提高小麦自身抗干热风的能力。

(2)通过植树造林改良农田小气候，改善小麦的生态环境。

(3)在有灌溉条件的地区，可根据气象部门发布的干热风预报，在干热风发生前2～3天对麦田灌溉一次，此法可降低5厘米地温4～5℃，增加相对湿度5%～7%。

(4)喷施磷酸二氢钾、草木灰和减灾增产剂等化学药剂，有效增强光合作用，促进新陈代谢，抑制蒸腾作用，增加叶片含水量，达到抗干热风的目的。

2.12 大雾

2.12.1 定义

当近地面空气中的水汽达到饱和状态时，水汽凝结为小水滴悬浮在低空形成雾(汽)，这种浓密的雾滴会降低能见度，若能见度减小到1千米以下，气象上称为雾，能见度低于500米时称为浓雾，能见度低于50米时称为强浓雾。

2.12.2 山东大雾气候特征

大雾天气一年四季均可发生。1971—2000年，山东省各地年平均雾日数，鲁东南、半岛南部地区一般为30～50天，成山头最多为83天，鲁西北的大部分地区多在20～35天之间，其他地区一般为10～20天，鲁南地区的邹城、泗水及半岛北部的莱州雾日数最少。

山东内陆和半岛地区雾日呈现不同的分布规律，半岛地区夏季最多，春季次之，冬季较少，秋季最少；内陆地区秋、冬季雾日多于春、夏季。济南、淄博雾日多出现在12月份，3—6月最少；潍坊8月份最多；莱州湾、黄河口一带沿海，雾日主要出现于11月至次年2月；蓬莱—威海一带，雾多出现在3—8月份，其中以7月份为最多；成山头—石岛沿海，雾日主要出现在4—8月，7月份最多；文登至石臼所一线，雾日多出现在3—7月，4月份最多，但青岛例外，青岛的雾日最高值出现在7月份。

2.12.3 大雾的影响

大雾不仅容易引发各种交通事故，造成人员伤亡，而且由于雾气中含有一些污染物，对人体健康也很不利；连续数天的大雾会影响农作物的生长，诱发各种病害，造成作物大量减产。

随着交通运输业的发展，大雾对海、陆、空交通运输的影响越来越大，飞机、列车被延误，高速公路和海港码头被迫关闭，能见度差引起的交通事故也越来越多(图2.19)。如1997年11月，山东省连续三次出现大雾天气，累计9～11个大雾日，给公路交通带来严重危害，特别是11月22日至24日，济南持续3天大雾弥漫，高速公路部分路段临时封闭，飞机场航班推迟。大雾天气导致交通事故增多，11月1日至23日，全省死亡3人以上的特大交通事故共发生5起。

沿海地区多大雾天气，常导致严重的海区雾灾。据不完全统计，1950年至1992年，山东海区因雾而造成的海事和海难达59起，共死亡128人。

图 2.19 2006 年济南的大雾

2.12.4 大雾的防御

(1)减少外出，必须外出时尽量戴口罩(图 2.20)。有晨雾时不要开窗。

图 2.20 大雾中的行人

(2)不要进行室外活动和露天集会。

(3)穿越马路要看清来往车辆，遇轮渡等停航时不要拥挤在渡口。

(4)尽量不要开车外出，必须开车时打开前后雾灯；控制车速，与前车保持足够制动距离；注意观察前方，及时除去风挡玻璃上的雾水；在雾中停车时，要紧靠路边，最好开到道路以外，打开雾灯，不要坐在车里。

(5)海上船只要慢速航行。

2.13　雷电

2.13.1　定义

雷电是大气中的放电现象。它产生于强烈发展的积雨云中，由于对流，积雨云中的小水滴不断碰撞分裂，产生正负电荷并各自不断大量聚集，若云与云之间或云与大地之间的电位差达一定程度，即发生猛烈的放电现象——闪电和雷声(图 2.21)。

图 2.21　闪电

2.13.2　山东雷电气候特征

山东省雷电灾害具有较强的地域性和季节性，主要发生在夏季，春秋季也有发生，冬季很少出现雷电灾害。具有山区雷电多于平原，鲁中、鲁北地区多于鲁西南地区及胶东半岛地区的特点。

1971—2000 年，全省年平均雷暴日数在 15～32 天之间。鲁中山区和鲁西北是全省最容易出现雷暴的地区，年平均雷暴日数多数在 27～32 天，最多的是沂源，为 32 天；半岛的东部沿海地区为雷暴较少出现的区域，雷暴日数一般在 20 天以下，最少的是石岛，只有 15.8 天，其次是成山头，为 16.1 天；其他地区多在 22～26 天之间变化。

2.13.3　雷电的影响

雷电发生时，不仅会影响飞机、导弹等的安全飞行，干扰无线电通讯，而且会击毁建筑物、输电/通讯线路、电气机车等，在某些情况下，甚至还会通过受击的线路，危及线路终端的设备和人身安全，并可能引发火灾。

强烈的雷电有时会毁坏建筑物和击毙人畜，给人民的生命和财产带来危害，造成雷电灾害(图 2.22)。据 1949—2000 年的灾情资料，因雷电伤人或死人的现象几乎每年都发生，而因雷击引发火灾的事故也时有发生。例如 1989 年 8 月 12 日，青岛油库遭雷击引起了特大火灾。当时整个油库一片火海，出动消防车 147 辆，抢险干警 2200 人，全国各地共支援了 153 吨干粉及泡沫灭火剂。这场大火共燃烧了 104 个小时才被扑灭，大火烧掉原油 3 万吨，整个油库毁坏殆尽，变成一片废墟。在救火中 14 名消防队员牺牲，66 人受伤，5 名油库职工牺牲，12 人受伤，这次雷击事故的直接经济损失达亿元以上。

图 2.22　2010 年 8 月 19 日，济南市商河县某民房遭受雷击起火

2.13.4　雷电的防御

(1)注意关闭门窗，切断家用电器的电源，并拔掉电线插头。不要用喷头冲凉，不要接触金属管道/导线、打电话、触摸从室外引进的电视天线/电灯线等。

(2)室内电源插座保护地线应接地良好。保持室内干燥，不要赤脚站在近窗口的泥地或水泥地上。

(3)在室外，应立即寻找庇护所，如装有避雷针的、钢架的或钢筋混凝土建筑物作为避雷场所，具有完整金属车厢的车辆也可以利用。如找不到合适的避雷场所时，应尽量降低重心和减少人体与地面的接触面积，可蹲下，双脚并拢，手放膝上，身向前屈，千万不要躺在地上、壕沟或土坑里，如披上雨衣，防雷效果更好。

(4)如果在野外，不要站在空旷的高地上和大树下避雨，这里最易受到雷击。不要待在开阔的水域和小船上；不要站在高树林子的边缘，电线、旗杆的周围和干草堆、帐篷等无避雷设备的高大物体附近；不要靠近铁轨、长金属栏杆和其他庞大的金属物体。在野外的人群，无论是运动的，还是静止的，都应拉开几米的距离，不要挤在一起，不要赤脚行走。

(5)不宜进入旷野孤立的棚屋、岗亭内避雨。不要在水边、海塘及岸边、山坡与田野交界处停留或生产作业。不要进行钓鱼、攀登、游泳、踢足球等户外活动。

(6)不宜骑自行车或开摩托车在雨中狂奔，不宜在旷野撑带金属把的雨伞，扛金属物的器具在雨中行走。

(7)如果公众头发竖起或皮肤发生颤动时，可能要发生雷击了，要立即倒在地上。受到雷击的人可能被烧伤或严重休克，但身上并不带电，可以安全地加以处理和抢救，口对口进行人工呼吸，同时拨打急救电话，进行体外心脏按压等急救。

(8)雷击导致人体着火时，可用水或厚毯子、外衣等扑灭或就地翻滚或趴在有水的洼地、水池熄灭火焰。电器着火时应立刻切断电源，但是如果电器用具或插头在着火时千万不要用手去碰电器开关，无法切断电源时可用干粉灭火器灭火，不要用水灭火。

2.14 连阴雨

2.14.1 定义

出现连续6天或6天以上阴天，无日照，其任意4天降水量≥0.1

毫米，就算一次连阴雨天气过程。

2.14.2 天气指标

（1）棉花若播后气温低于10℃，有连续5～7天以上连阴雨天气，易造成烂种。

（2）持续5天以上连阴雨天气易造成小麦、玉米发芽、霉烂，棉桃、枣类、果品霉烂变质。

2.14.3 发生时间

初春或深秋时节接连几天甚至十多天阴雨连绵、阳光寡照的寒冷天气，又称低温连阴雨。连阴雨的主要特点是温度低、日照少、雨量并不大。主要分为春季连阴雨和秋季连阴雨。

2.14.4 连阴雨天气的影响

（1）连阴雨对生活的影响

下雨时气压较低，空气潮湿，使人不舒服。雨天道路泥泞不堪，影响出游或外出办事，许多露天作业都无法进行，耽误工程进度。

连阴雨天对健康也有一定影响。阴雨连绵，空气潮湿，适合各种霉菌的生长和繁殖，引发皮癣、脚癣、霉菌性肺炎、过敏性支气管炎、支气管哮喘等。由于气温多变和湿度大，风湿性关节炎、类风湿性关节炎等病情易加重或恶化。阴雨天的气压、气温、空气湿度等气象要素变化较大，容易诱发心肌梗死、脑中风等心脑血管病。在阴雨闷热潮湿环境下食物易发霉变质，吃后可直接间接引起中毒，出现上吐下泻等症状。连阴雨还可引起粮食、饲料、食品、衣服、药材、书籍、纸张等物品的霉变，造成较大的经济损失。

（2）连阴雨对农业的影响

春季连阴雨往往出现在棉花播种出苗、果树开花时节，易造成棉花烂种、影响果树花期授粉（图2.23）。

秋季连阴雨影响玉米、棉花、果品等秋作物的收获，从而影响冬小麦的适时播种，使冬前小麦难以形成壮苗，影响来年的小麦产量。另一

图 2.23　连阴雨造成棉花受灾

方面，长期的阴雨、高湿、寡照天气给部分蔬菜病虫害的发生提供了有利条件，对果树果实的着色、酸甜度及果品品质产生不利影响。

2007 年 9 月 26 日至 10 月 7 日，山东省大部地区出现持续十几天的连阴雨天气。全省平均降雨量 41.4 毫米，滨州、德州降水量分别为 61.5 毫米和 59.9 毫米，持续的连阴雨天气给鲁北地区的农业生产和群众生活造成严重影响。由于正值三秋生产关键时期，对棉花、玉米、冬枣和小枣等作物造成较大损失。玉米倒地，无法收割，堆在地头，造成霉烂（图 2.24）；棉花棉桃发霉腐烂；冬枣还未到采摘期，大部分仍未收获，被雨水冲淋后，严重裂果、烂果，失去商品价值，已收的金丝小枣

图 2.24　连阴雨造成玉米发霉

因不能及时晾晒，造成霉烂，农业生产损失惨重。据民政厅统计，全省受灾人口195万余人；农作物受灾面积18.86万公顷，其中绝收面积1.57万公顷；灾害造成农业直接经济损失近24亿元。

2.14.5　连阴雨的防御

(1)空调降湿。要尽量保持室内空气流通，必要时可用吸湿器或干燥机降低室内湿度。

(2)不要食用被霉菌污染的食物，误食霉变食物可引起急性或慢性中毒。

(3)自我调节与保健。要注意调节情绪、自我保健，饮食起居要有规律，适当参加体育锻炼。

(4)随时收听收看天气预报，在连阴雨天气到来前，抓紧抢收已经成熟的秋作物及各种果品。

(5)降雨过后，大田内没有及时运出的玉米，要及时运出、晾晒。晚熟棉田适时喷施乙烯利催熟，促使棉铃开裂吐絮，增加产量，多收霜前花，提高棉花品质。

(6)受连阴雨天气影响，要抓紧时间腾茬，确保小麦及时播种。

(7)被雨水冲淋的枣类，要及时加工处理，确保将损失降到最低程度。

(8)连阴雨天气往往使植株生长受阻，抗病性降低，加之放风少，湿度偏大，易引起病害。因此，在病害防治上，要采用烟剂和粉剂，少用水剂，防止湿度过大引起植株叶片结露而导致病害发生。

2.15　风暴潮

2.15.1　定义

风暴潮是热带风暴(台风、飓风)、温带气旋和寒潮过境引起的海面异常升高或降低现象。亦称风暴增(减)水、风暴海啸或气象海啸，是山东沿海地区发生次数少，但危害极其严重的气象海洋灾害。

2.15.2 山东沿海风暴潮产生原因

形成风暴潮一般有三个条件：

一是有利的地形，即海岸线或海湾地形呈喇叭口状，海滩平缓，使海浪直抵湾顶，不易向四周扩散。

二是持续的向岸大风，如秋冬季寒潮的东北风、夏季热带气旋带来的东南风。由于强风或气压骤变等强烈的天气系统对海面作用，导致海水水位急剧升降。

三是逢农历初一、十五的天文大潮，它是形成风暴潮的主体。当天文大潮与持续的向岸大风遭遇时，就形成了破坏性的风暴潮(图 2.25)。

图 2.25 风暴潮侵袭

2.15.3 山东沿海风暴潮发生次数

一年四季都有可能受到风暴潮的威胁。山东省每年的沿海风暴潮次数不完全相同，多数年份出现一次，有的年份未出现，有一些年份出现两次，是我国北方风暴潮的多发区。

1949—2000 年，山东受热带气旋和寒潮影响而出现的风暴潮达 97 次，其中，有 6 次灾情比较严重的强风暴潮，这 6 次强风暴潮分别发生在 1964 年 4 月 5 日、1969 年 4 月 23 日、1980 年 4 月 5 日、1985 年 8 月 16—20 日、1992 年 8 月 31 日—9 月 1 日和 1997 年 8 月 18—20 日。其中 1969 年 4 月 23 日的风暴潮对莱州湾沿岸影响甚大，羊角沟潮位在黄海基准水面以上 6.64 米，最大增水 3.35 米，3 米以上的水位持续了 8 小时之久。超过当地警戒水位 1.74 米，超出多年平均水位 3.15 米。羊角沟镇内一片汪洋，街中水深 0.5～1.0 米，多数房屋进水被淹。潮水淹没陆地一般达 20～27 千米，有些地区竟达 40 千米之遥，是我国北方目前罕见的风暴潮灾害。

2007 年 3 月 3—5 日，受北方强冷空气和黄海气旋的共同影响，渤海湾、莱州湾发生了一次强温带风暴潮过程，渤海海峡的瞬时极大风力达 13 级以上（图 2.26）。沿海增水超过 100 厘米的有 4 个验潮站，最大增水发生在莱州湾羊角沟验潮站，为 202 厘米；羊角沟、龙口和烟台验潮站超过当地警戒潮位，其中烟台验潮站超过当地警戒潮位 49 厘米。山东省死亡 7 人，6700 多公顷筏式养殖受损，2000 多公顷虾池、鱼塘冲毁，10 千米防浪堤坍塌，损毁船只 1900 艘，海洋灾害直接经济损失 21 亿元。

图 2.26 山东威海和龙口风暴潮灾害现场图

影响山东的主要有由台风引起的台风风暴潮和由温带气旋引起的温带气旋风暴潮两大类。台风风暴潮多见于夏秋季节，而温带气旋风暴潮常出现在冬半年。渤、黄海沿岸不仅易受台风风暴潮侵袭，而且还频遭寒潮冷锋风潮的危害，尤其是渤海南部的莱州湾和黄河口一带。

2.15.4 风暴潮的影响

风暴潮到达浅水区域迅猛增长，尤其是风暴与天文潮相叠加时，常使海面迅速上升，当水位超过沿岸“警戒水位”时，就会招致海水外溢泛滥成灾，给人民生命财产造成不同程度的损失；风暴潮影响的范围一般为数十至上千千米，持续时间 1～100 小时。如正逢天文大潮期，经常形成严重灾害。

1997 年 8 月 18—20 日，9711 号台风到达山东省，减弱为强热带风暴后。相继席卷山东大部分地区，致使沿海地区遭受强风暴潮侵袭，内陆地区遭受大范围狂风暴雨灾害，造成人员、基础设施和财产的严重损失。此次风暴潮来势迅猛，其范围之广、危害之大，为近年来所罕见。台风造成的强风暴潮自日照开始侵袭山东整个沿海地区，海上风力 8 级以上，阵风最大 11 级以上，由于正值海水大潮期，潮位高达 5.74 米，浪高达 7.1 米，造成海上生产严重损失。同时，猛烈的暴风雨袭击了内陆大部分县市区。据气象部门测报，18 日 6 时—20 日 6 时，共有 46 个县市区降雨在 100 毫米以上，其中，即墨、莱西、牟平、海阳、诸城、荣成、文登、乳山、环翠、五莲、沂南、沂水、莒南、苍山、费县等 15 个县市区降特大暴雨。这次灾害遍及全省，除聊城外 16 个市地近 100 个县市区受灾，54 人因灾死亡，105 人下落不明，1858 人受伤，1.5 万人一度被水围困；农作物受灾面积 214.54 万公顷，成灾面积 132.53 万公顷，绝产面积 4.96 万公顷；果树受灾面积 35.58 万公顷；冲毁耕地 3363 公顷；冲毁各类水库塘坝 809 座、桥涵 769 座；损坏房屋 59.17 万间，倒塌房屋 7.35 万间；倒折树木 655.9 万株、电力和通讯线杆 5 万多根；刮毁蔬菜大棚 15 万个；冲毁沿海防潮堤 7.5 万米、沿海水闸 12 座；沉没刮走渔船 451 只，毁坏渔船 7137 只，冲毁虾池 1.23 万公顷、扇贝池 610 公顷、盐池 1.1 万公顷，冲化原盐 60 余万吨；海水倒灌农田 110 公顷。直接经济损失超过 135 亿元。受灾较重的有日照、烟台、青岛、威海、东营等市地。

2.15.5 风暴潮的防御

(1)要注意收听、收看气象部门的大风预报、风暴潮预报和警报,根据热带气旋未来的移动路经和强度变化,有针对性地采取防范措施,进行抗灾防灾。

(2)根本的办法是在沿海地区要有计划地修建防浪、防潮工程,营造防风林带,将风暴潮拒于大堤之外。

(3)要及早通知海上船只和作业人员合理避让,必要时要组织危险区人员转移至安全地区。

(4)加强风暴潮预报、防御对策和技术研究,研究其发生发展的规律,改进预报方法等。

2.16 泥石流

2.16.1 定义

泥石流是一种含有大量泥沙、石块等固体物质的洪流,它呈黏性层流或稀性紊流等运动状态,是各种自然因素(地质、地貌、水文、气象、土壤、植被等)和人为因素综合作用的结果(图 2.27)。

图 2.27 泥石流

2.16.2 泥石流的形成

泥石流的形成主要取决于地质、地貌和水源条件。地质条件是泥石流形成的内因和必要条件。地貌条件制约着泥石流的形成与运动，使泥石流具有不同的规律和特性。水源条件是泥石流发生的不可缺少的条件。此外，由于人类对环境的破坏也加剧了泥石流的形成过程。比如，毁林开荒、陡坡垦殖、矿山开采中的滥挖滥采和不合理弃渣以及山区修建公路、铁路时非科学地就地取料(如土石和弃渣等)。

泥石流往往在暴雨过程中由于短时间内强降水诱发形成。据研究，当日雨量达 140 毫米以上的暴雨过程中，如出现 1 小时、3 小时和 6 小时最大降水量分别为 40 毫米，80 毫米和 100 毫米以上就会诱发泥石流发生。而当日雨量达 300 毫米以上时，若出现 1 小时、3 小时和 6 小时最大降水量分别为 60 毫米、100 毫米和 200 毫米以上，会诱发形成较重或严重的泥石流。

2.16.3 泥石流灾害特征

据 1949—2000 年灾情资料统计，山东省泥石流灾害主要发生在 20 世纪 60—70 年代，80 年以后多为山洪。一年之中，泥石流灾害主要集中在夏季，7 月份居多。灾害主要分布在鲁中山区北部和鲁东南山区，其中淄博最多。

2.16.4 泥石流的影响

当泥石流突然爆发时，来势凶猛，历时短暂，具有强大的破坏力，常给人民生命财产和经济建设造成重大灾害(图 2.28)。

新中国成立以后，党和政府十分重视水土流失的防治工作，山东省水土保持工作有了较大发展，泥石流灾害的发生也得到一定程度的控制，但仍然时有发生，如 2000 年 8 月 8—9 日，岱岳区下港乡、黄前镇持续降大暴雨，突如其来的暴雨造成山洪暴发，下港乡发生了严重的山体大面积滑坡和泥石流。据统计，因泥石流造成 12 人死亡、失踪 6 人、伤 3 人；冲毁房屋 230 间、道路 15 千米、桥涵 70 座、大桥 12 座、农田 118

图 2.28 泥石流过后

公顷;死亡牲畜 130 头、家禽 500 只;黄前镇两条通往济南的公路被冲毁,电力、通信线路全部中断,6 个村受灾。

2.16.5 泥石流的防御

防御和减轻泥石流灾害的方法措施可分为非应急性和应急性措施两种。

(一)非应急性的措施

(1)避让措施。在泥石流发育分布区,工矿、村镇、铁路、公路、桥梁、水库的选址,旅游开发等一定要在查明泥石流沟谷及其危害状况的情况下进行,尽量避开造成直接危害的地区与地段,例如泥石流沟的中、上游段及沟口,主支沟交汇部的低平地,靠近河床的低缓阶地或坡脚处,河道弯道外侧等。实在无法避开时应考虑修建防护工程或采取其他工程措施。

(2)生物措施。是一种长期的有助于减缓泥石流形成达到一定防御目的的治理性手段。主要方法是封山育林,退耕还林,固结表土,保持水土,降低泥石流发生概率与规模。

(3)工程设施。主要是为保护危害对象免遭破坏而采取的防护、排导、拦挡及跨越等工程设施。例如护坡、挡墙、顺坝、丁坝等工程。为改善泥石流的流向与流速修建的排泄沟、导流堤、急流槽、渡槽等工程。为了控制拦截下泄物，削弱泥石流冲击能量，修建的拦沙坝、储淤场、截流工程等。

(4)综合防治措施。即将生物措施与适用于某一泥石流危害区的几项工程措施相互结合，对泥石流小流域进行统一全面整治，有效地预防和减少灾害的发生。

(5)开展泥石流的预测预报工作。从空间上可根据地质、地貌、降雨等条件对泥石流发育程度和规模进行危险区域划分，划分出高度危险、中等危险和一般危险区；从时间上分为中长期和短历时预报。

(二)应急性措施

每年7—8月泥石流易发时段，采取泥石流应急避防措施。首先要避开泥石流危险地段，尽快在泥石流到来之前采取防范行动。在泥石流发育地区进行必要的搬迁、防护措施后，对一些尚受泥石流严重威胁的工矿、村镇提前做好应急部署。

(1)普及泥石流知识。汛期有组织地演习，有纪律地疏散撤离。

(2)预防为主。泥石发生在夏季暴雨期间，而该季节又是人们选择去山区狭谷游玩时间。因此，人们出行时一定要事先收听当地天气预报，不要在大雨天或在连续阴雨几天当天仍有雨的情况下进入山区沟谷旅游。

(3)选择附近安全的地带修建临时避险棚。如较高的基岩台地，低缓山梁上等，切忌建在沟床岸边、较低的阶地/台地及坡脚、河道拐弯的凹岸或凸岸的下游端边缘。

(4)长时间降雨或暴雨渐小后或刚停，不应马上返回危险区。泥石流常滞后大雨发生。另外，具有阵流的黏性泥石流，其阵流间隙有时会被误认为泥石流结束。总之，只有当确认泥石流不会发生或泥石流已全部结束时才能解除警报。

(5)不可存在侥幸心理。当白天降雨量较多后，晚上或夜间必须密切注意降雨，最好提前转移，不能存在侥幸心理在室内就寝。

(6)密切注视泥石流的发生发展，减少、避免次生灾害发生。当出现泥石流体堵塞河流,形成堵坝时,应尽快采取毁"坝"措施,使上游水体尽快下泻,避免次生洪水灾害,同时通知上、下游受害的地区,做好防灾避险。当公路、铁路、桥梁被冲毁后应及时采取阻止车辆通行的行动,以免车辆被颠覆,造成人员伤亡。

(7)采取正确的逃逸方法。泥石流不同于滑坡、山崩和地震,它是流动的,冲击和搬运能力很大,所以,当处于泥石流区时,不能沿沟向下或向上跑,而应向两侧山坡上跑,离开沟道、河谷地带,但注意不要在土质松软、土体不稳定的斜坡停留,以免斜坡失稳下滑,应在基底稳固又较为平缓的地方。另外,不应上树躲避,因泥石流不同于一般洪水,其流动中可沿途切除一切障碍,所以上树逃生不可取。应避开河(沟)道弯曲的凹岸或地方狭小高度又低的凸岸,因泥石流有很强的掏刷能力及直进性,这些地方很危险。

(三)泥石流过后的自救与防疫工作

当工矿、村镇、游客遭到泥石流袭击,并出现严重灾情后,应立即组织人员进行伤员抢救,以及水、电、交通线路的抢修,以保障救灾工作顺利进行,伤员得到及时救治。河(沟)经泥石流的洗劫之后,不仅原河(沟)床被冲淤得难以辨认,穿越或沿河(沟)谷的道路也被掩埋破坏得无影无踪,沿途漂砾、泥沙满沟,行走时极容易造成跌伤、磕碰,因此进行救灾抢险时应注意避免发生各种外伤。

泥石流发生时常席卷、淹浸、淤埋沿途的房屋、牲畜及杂、污物,泥石流结束之后应及时对必要的地段进行清理消毒,避免与防止流行病的发生和传播,做好卫生防疫工作。

3 山东气象灾害预警信号发布标准及防御指南

3.1 概述

气象灾害预警信号，是指各级气象主管机构所属的气象台站向社会公众发布的预警信息。

气象灾害预警信号由名称、图标、标准和防御指南组成，分为台风、暴雨、暴雪、寒潮、大风、沙尘暴、高温、干旱、雷电、冰雹、霜冻、大雾、霾、道路结冰等。气象灾害预警信号的级别依据气象灾害可能造成的危害程度、紧急程度和发展态势一般划分为四级：Ⅳ级（一般）、Ⅲ级（较重）、Ⅱ级（严重）、Ⅰ级（特别严重），依次用蓝色、黄色、橙色和红色表示，同时以中英文标识。

国务院气象主管机构负责全国预警信号发布、解除与传播的管理工作。地方各级气象主管机构负责本行政区域内预警信号发布、解除与传播的管理工作。其他有关部门按照职责配合气象主管机构做好预警信号发布与传播的有关工作。

国家依法保护气象灾害预警信号专用传播设施，任何组织或者个人不得侵占、损毁或者擅自移动。

气象灾害预警信号实行统一发布制度。

各级气象主管机构所属的气象台站按照发布权限、业务流程发布预警信号，并指明气象灾害预警的区域。发布权限和业务流程由国务院气象主管机构另行制定。其他任何组织或者个人不得向社会发布预警信号。

3.2　山东省气象灾害预警信号发布标准

根据中国气象局《气象灾害预警信号发布业务规定》，各级气象台站按照职责负责本行政区域内气象灾害预警信号发布工作，预警信号发布内容包括台风、暴雨、暴雪、寒潮、大风、沙尘暴、高温、干旱、雷电、冰雹、霜冻、大雾、霾、道路结冰等十四类。省气象台及各市气象台预警信号发布标准如下：

山东省气象灾害预警信号发布标准及防御指南

一、台风预警信号

（一）台风蓝色预警信号

省气象台发布标准：预计24小时内可能或者已经受热带气旋影响，沿海或者陆地平均风力达6级以上，或者阵风8级以上并可能持续。

各市气象台发布标准：预计24小时内可能或者已经受热带气旋影响，沿海或者陆地平均风力达6级以上，或者阵风8级以上并可能持续。

防御指南：

1. 政府及相关部门按照职责做好防台风准备工作；

2. 停止露天集体活动和高空等户外危险作业；

3. 相关水域水上作业和过往船舶采取积极的应对措施，如回港避风或者绕道航行等；

4. 加固门窗、围板、棚架、广告牌等易被风吹动的搭建物，切断危险的室外电源。

(二)台风黄色预警信号

省气象台发布标准:预计 24 小时内可能或者已经受热带气旋影响,沿海或者陆地平均风力达 8 级以上,或者阵风 10 级以上并可能持续。

各市气象台发布标准:预计 24 小时内可能或者已经受热带气旋影响,沿海或者陆地平均风力达 8 级以上,或者阵风 10 级以上并可能持续。

防御指南:

1. 政府及相关部门做好防台应急准备工作;

2. 相关水域水上作业和过往船舶采取积极的应对措施,如回港避风或者绕道航行等,加固港口设施,防止船舶走锚、搁浅和碰撞;

3. 处于危险地带中的居民应到避风场所避风,高空、滩涂、水上等户外作业人员应停止作业,危险地带工作人员应及时撤离,露天集体活动应及时停止,并做好人员疏散工作;

4. 关紧门窗,加固或者拆除易被风吹动的搭建物,人员切勿随意外出,确保老人小孩留在家中最安全的地方,危房人员及时转移。

(三)台风橙色预警信号

省气象台发布标准:预计 12 小时内可能或者已经受热带气旋影响,沿海或者陆地平均风力达 10 级以上,或者阵风 12 级以上并可能持续。

各市气象台发布标准:预计 12 小时内可能或者已经受热带气旋影响,沿海或者陆地平均风力达 10 级以上,或者阵风 12 级以上并可能持续。

防御指南:

1. 政府及相关部门做好防台抢险应急工作;

2. 必要时停止室内外大型集会,停课、停业(除特殊行业外);

3. 相关水域水上作业和过往船舶应当回港避风,加固港口设施,防止船舶走锚、搁浅和碰撞;

4. 加固或者拆除易被风吹动的搭建物,人员应当尽可能待在防风安全的地方,当台风中心经过时风力会减小或者静止一段时间,切记强

风将会突然吹袭,应当继续留在安全处避风,危房人员及时转移;

5. 相关地区应当注意防范强降水可能引发的山洪、地质灾害。

(四)台风红色预警信号

省气象台发布标准:预计 6 小时内可能或者已经受热带气旋影响,沿海或者陆地平均风力达 12 级以上,或者阵风达 14 级以上并可能持续。

各市气象台发布标准:预计 6 小时内可能或者已经受热带气旋影响,沿海或者陆地平均风力达 12 级以上,或者阵风达 14 级以上并可能持续。

防御指南:

1. 政府及相关部门做好防台应急和抢险工作;

2. 必要时停止集会,停课、停业(除特殊行业外);

3. 回港避风的船舶要视情况采取积极措施,妥善安排人员留守或者转移到安全地带;

4. 加固或者拆除易被风吹动的搭建物, 人员应当待在防风安全的地方,当台风中心经过时风力会减小或者静止一段时间,切记强风将会突然吹袭,应当继续留在安全处避风,危房人员及时转移;

5. 相关地区应当注意防范强降水可能引发的山洪、地质灾害。

二、暴雨预警信号

(一)暴雨蓝色预警信号

省气象台发布标准:预计全省有两个大区(如鲁西北、鲁中,下同)半数以上测站(指山东省的国家气候基准站、国家基本气象站、国家一般气象站,下同)12 小时内降雨量将达 50 毫米以上,或者已达 50 毫米以上且降雨可能持续。

各市气象台发布标准:预计本市 1/3 以上气象观测站(指本市的国家气候基准站、国家基本气象站、国家一般气象站,下同)12 小时内降雨量将达 50 毫米以上,或者已达 50 毫米以上且降雨可能持续。或者本市未达到 1/3 以上气象观测站标准,但预计部分地区 12 小时内降雨量将达 50 毫米以上,或者已达 50 毫米以上且降雨可能持续;可能或已经造成较大社会影响。

防御指南：

1. 政府及相关部门做好防暴雨准备工作；

2. 学校、幼儿园采取适当措施，保证学生和幼儿安全；

3. 驾驶人员应当注意道路积水和交通阻塞，确保安全；

4. 检查城市、农田、鱼塘排水系统，做好排涝准备。

(二)暴雨黄色预警信号

省气象台发布标准：预计全省有两个大区半数以上测站6小时内降雨量将达50毫米以上，或者已达50毫米以上且降雨可能持续。

各市气象台发布标准：预计本市1/3以上气象观测站6小时内降雨量将达50毫米以上，或者已达50毫米以上且降雨可能持续。或者本市未达到1/3以上气象观测站标准，但预计部分地区6小时内降雨量将达50毫米以上，或者已达50毫米以上且降雨可能持续；可能或已经造成较大社会影响。

防御指南：

1. 政府及相关部门做好防暴雨工作；

2. 交通管理部门应当根据路况在强降雨路段采取交通管制措施，在积水路段实行交通引导；

3. 切断低洼地带有危险的室外电源，暂停在空旷地方的户外作业，转移危险地带人员和危房居民到安全场所避雨；

4. 检查城市、农田、鱼塘排水系统，采取必要的排涝措施。

(三)暴雨橙色预警信号

省气象台发布标准：预计全省有两个大区半数以上测站3小时内降雨量将达50毫米以上，或者已达50毫米以上且降雨可能持续。

各市气象台发布标准：预计本市1/3以上气象观测站3小时内降雨量将达50毫米以上，或者已达50毫米以上且降雨可能持续。或者本市未达到1/3以上气象观测站标准，但预计部分地区3小时内降雨量将达50毫米以上，或者已达50毫米以上且降雨可能持续；可能或已经造成重大社会影响。

防御指南：

1. 政府及相关部门做好防暴雨应急工作；

2. 切断有危险的室外电源，暂停户外作业；

3. 处于危险地带的单位应当停课、停业，采取专门措施保护已到校学生、幼儿和其他上班人员的安全；

4. 做好城市、农田的排涝，注意防范可能引发的山洪、滑坡、泥石流等灾害。

(四)暴雨红色预警信号

省气象台发布标准：预计全省有两个大区半数以上测站3小时降水量将达100毫米以上，或者已达100毫米以上且降雨可能持续。

各市气象台发布标准：预计本市1/3以上气象观测站3小时降水量将达100毫米以上，或者已达100毫米以上且降雨可能持续。或者本市未达到1/3以上气象观测站标准，但预计部分地区3小时内降雨量将达100毫米以上，或者已达100毫米以上且降雨可能持续；可能或已经造成重大社会影响。

防御指南：

1. 政府及相关部门做好防暴雨应急和抢险工作；

2. 必要时停止集会，停课、停业(除特殊行业外)；

3. 做好山洪、滑坡、泥石流等灾害的防御和抢险工作。

三、暴雪预警信号

(一)暴雪蓝色预警信号

省气象台发布标准：预计全省有两个大区半数以上测站12小时内降雪量将达4毫米以上，或者已达4毫米以上且降雪持续，可能对交通或者农牧业有影响。

各市气象台发布标准：预计本市1/3以上气象观测站12小时内降雪量将达4毫米以上，或者已达4毫米以上且降雪持续，可能对交通或者农牧业有影响。或者本市未达到1/3以上气象观测站标准，但预计部分地区12小时内降雪量将达4毫米以上，或者已达4毫米以上且降雪持续，可能或已经对交通、农牧业等造成较大影响。

防御指南：

1. 政府及有关部门做好防雪灾和防冻害准备工作；
2. 交通、铁路、电力、通信等部门注意道路、铁路、线路维护；
3. 行人注意防寒防滑，驾驶人员小心驾驶，车辆应当采取防滑措施；
4. 农林区做好防雪灾和防冻害准备；
5. 加固棚架等易被雪压的临时搭建物。

(二)暴雪黄色预警信号

省气象台发布标准：预计全省有两个大区半数以上测站12小时内降雪量将达6毫米以上，或者已达6毫米以上且降雪持续，可能对交通或者农牧业有影响。

各市气象台发布标准：预计本市1/3以上气象观测站12小时内降雪量将达6毫米以上，或者已达6毫米以上且降雪持续，可能对交通或者农牧业有影响。或者本市未达到1/3以上气象观测站标准，但预计部分地区12小时内降雪量将达6毫米以上，或者已达6毫米以上且降雪持续，可能或已经对交通、农牧业等造成较大影响。

防御指南：

1. 政府及相关部门落实防雪灾和防冻害措施；
2. 交通、铁路、电力、通信等部门加强道路、铁路、线路维护；
3. 行人注意防寒防滑，驾驶人员小心驾驶，车辆应当采取防滑措施；
4. 农林区做好防雪灾和防冻害准备；
5. 加固棚架等易被雪压的临时搭建物。

(三)暴雪橙色预警信号

省气象台发布标准：预计全省有两个大区半数以上测站6小时内降雪量将达10毫米以上，或者已达10毫米以上且降雪持续，可能或者已经对交通或者农牧业有较大影响。

各市气象台发布标准：预计本市1/3以上气象观测站6小时内降

雪量将达 10 毫米以上，或者已达 10 毫米以上且降雪持续，可能或者已经对交通或者农牧业有较大影响。或者本市未达到 1/3 以上气象观测站标准，但预计部分地区 6 小时内降雪量将达 10 毫米以上，或者已达 10 毫米以上且降雪持续，可能或已经对交通、农牧业等造成重大影响。

防御指南：

1. 政府及相关部门做好防雪灾和防冻害的应急工作；
2. 交通、铁路、电力、通信等部门加强道路、铁路、线路维护；
3. 尽量减少户外活动；
4. 农林区做好防雪灾和防冻害准备。

(四)暴雪红色预警信号

省气象台发布标准：预计全省有两个大区半数以上测站 6 小时内降雪量将达 15 毫米以上，或者已达 15 毫米以上且降雪持续，可能或者已经对交通或者农牧业有较大影响。

各市气象台发布标准：预计本市 1/3 以上气象观测站 6 小时内降雪量将达 15 毫米以上，或者已达 15 毫米以上且降雪持续，可能或者已经对交通或者农牧业有较大影响。或者本市未达到 1/3 以上气象观测站标准，但预计部分地区 6 小时内降雪量将达 15 毫米以上，或者已达 15 毫米以上且降雪持续，可能或已经对交通、农牧业等造成重大影响。

防御指南：

1. 政府及相关部门做好防雪灾、防冻害的应急和抢险工作；
2. 必要时停课、停业(除特殊行业外)；
3. 必要时飞机暂停起降，火车暂停运行，高速公路暂时封闭；
4. 做好农林区等救灾救济工作。

四、寒潮预警信号

(一)寒潮蓝色预警信号

省气象台发布标准：预计全省半数以上气象观测站 48 小时内最低气温将要下降 8℃以上，最低气温小于等于 4℃，陆地平均风力可达 5 级以上；或者已经下降 8℃以上，最低气温小于等于 4℃，平均风

力达 5 级以上，并可能持续。

各市气象台发布标准：预计本市半数以上气象观测站 48 小时内最低气温将要下降 8℃以上，最低气温小于等于 4℃，陆地平均风力可达 5 级以上；或者已经下降 8℃以上，最低气温小于等于 4℃，平均风力达 5 级以上，并可能持续。

防御指南：

1. 政府及有关部门做好防寒潮准备工作；

2. 居民要留意有关媒体报道大风降温的最新信息，注意添衣保暖；

3. 农林作物及水产养殖应采取一定的防寒和防风措施；

4. 做好防风准备工作。

（二）寒潮黄色预警信号

省气象台发布标准：预计全省半数以上气象观测站 24 小时内最低气温将要下降 10℃以上，最低气温小于等于 4℃，陆地平均风力可达 6 级以上；或者已经下降 10℃以上，最低气温小于等于 4℃，平均风力达 6 级以上，并可能持续。

各市气象台发布标准：预计本市半数以上气象观测站 24 小时内最低气温将要下降 10℃以上，最低气温小于等于 4℃，陆地平均风力可达 6 级以上；或者已经下降 10℃以上，最低气温小于等于 4℃，平均风力达 6 级以上，并可能持续。

防御指南：

1. 政府及有关部门做好防寒潮工作；

2. 居民要留意有关媒体报道大风降温的最新信息，随时添衣保暖，照顾好老、弱、病人；

3. 做好牲畜、家禽的防寒防风工作，对易受低温冻害的农林作物采取相应防御措施；

4. 做好防风工作。

（三）寒潮橙色预警信号

省气象台发布标准：预计全省半数以上气象观测站24小时内最低气温将要下降12℃以上，最低气温小于等于0℃，陆地平均风力可达6级以上；或者已经下降12℃以上，最低气温小于等于0℃，平均风力达6级以上，并可能持续。

各市气象台发布标准：预计本市半数以上气象观测站24小时内最低气温将要下降12℃以上，最低气温小于等于0℃，陆地平均风力可达6级以上；或者已经下降12℃以上，最低气温小于等于0℃，平均风力达6级以上，并可能持续。

防御指南：

1. 政府及有关部门做好防寒潮应急工作；
2. 加强人员（尤其是老弱病人）的防寒保暖；
3. 农、林、水产业等要积极采取防寒措施；
4. 做好防风工作。

（四）寒潮红色预警信号

省气象台发布标准：预计全省半数以上气象观测站24小时内最低气温将要下降16℃以上，最低气温小于等于0℃，陆地平均风力可达6级以上；或者已经下降16℃以上，最低气温小于等于0℃，平均风力达6级以上，并可能持续。

各市气象台发布标准：预计本市半数以上气象观测站24小时内最低气温将要下降16℃以上，最低气温小于等于0℃，陆地平均风力可达6级以上；或者已经下降16℃以上，最低气温小于等于0℃，平均风力达6级以上，并可能持续。

防御指南：

1. 政府及相关部门做好防寒潮的应急抢险工作；
2. 加强人员（尤其是老弱病人）的防寒保暖；
3. 农、林、水产业等要积极采取防寒措施；
4. 做好防风工作。

五、大风预警信号

(一)大风蓝色预警信号

省气象台发布标准:预计全省半数以上气象观测站24小时内可能受到大风影响,平均风力可达6级以上,或者阵风7级以上;或者已经受大风影响,平均风力为6~7级,或者阵风7~8级并可能持续。

各市气象台发布标准:预计本市24小时内可能受到大风影响,内陆半数以上气象观测站平均风力可达6级以上,或者阵风7级以上;或者已经受大风影响,平均风力为6~7级,或者阵风7~8级并可能持续。沿海气象台站24小时内可能受到大风影响,平均风力可达6级以上,或者阵风7级以上;或者已经受大风影响,平均风力为6~7级,或者阵风7~8级并可能持续。结合当地特点,可只发布大风警报。

防御指南:

1. 政府及相关部门按照职责做好防大风工作;

2. 关好门窗,加固围板、棚架、广告牌等易被风吹动的搭建物,妥善安置易受大风影响的室外物品,遮盖建筑物资;

3. 相关水域水上作业和过往船舶采取积极的应对措施,如回港避风或者绕道航行等;

4. 行人注意尽量少骑自行车,刮风时不要在广告牌、临时搭建物等下面逗留;

5. 有关部门和单位注意森林等防火。

(二)大风黄色预警信号

省气象台发布标准:预计全省半数以上气象观测站12小时内可能受到大风影响,平均风力可达8级以上,或者阵风9级以上;或者已经受大风影响,平均风力为8~9级,或者阵风9~10级并可能持续。

各市气象台发布标准:预计本市12小时内可能受到大风影响,内陆半数以上气象观测站平均风力可达8级以上,或者阵风9级以上;或者已经受大风影响,平均风力为8~9级,或者阵风9~10级并可能持续。沿海气象台站12小时内可能受到大风影响,平均风力可达8级以上,或者阵风9级以上;或者已经受大风影响,平均风力为8~9级,或者阵风9~10级并可能持续。结合当地特点,可发布大风黄色预警信号或者只发布大风警报。

防御指南:

1. 政府及相关部门按照职责做好防大风工作;

2. 停止露天活动和高空等户外危险作业,危险地带人员和危房居民尽量转移到避风场所避风;

3. 相关水域水上作业和过往船舶采取积极的应对措施,加固港口设施,防止船舶走锚、搁浅和碰撞;

4. 切断户外危险电源,妥善安置易受大风影响的室外物品,遮盖建筑物资;

5. 机场、高速公路等单位应当采取保障交通安全的措施,有关部门和单位注意森林等防火。

(三)大风橙色预警信号

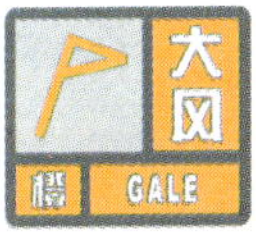

省气象台发布标准:预计全省半数以上气象观测站或两个以上预报海区6小时内可能受到大风影响,平均风力可达10级以上,或者阵风11级以上;或者已经受大风影响,平均风力为10~11级,或者阵风11~12级并可能持续。

各市气象台发布标准:预计本市半数以上气象观测站6小时内可能受到大风影响,平均风力可达10级以上,或者阵风11级以上;或者已经受大风影响,平均风力为10~11级,或者阵风11~12级并可能持续。

防御指南:

1. 政府及相关部门做好防大风应急工作;

2. 停止高空等户外危险作业,人员尽量减少外出;

3. 相关水域水上作业和过往船舶应当回港避风,加固港口设施,防止船舶走锚、搁浅和碰撞;

4. 切断危险电源,妥善安置易受大风影响的室外物品;

5. 航空、航运、铁路、公路等单位应当采取安全保障措施,有关部门和单位注意森林等防火。

（四）大风红色预警信号

省气象台发布标准：全省半数以上气象观测站或两个以上预报海区 6 小时内可能出现平均风力 12 级以上，或者阵风 13 级以上；或者已经受大风影响，平均风力为 12 级以上，或者阵风 13 级以上并可能持续。

各市气象台发布标准：预计本市半数以上气象观测站 6 小时内可能出现平均风力 12 级以上，或者阵风 13 级以上；或者已经受大风影响，平均风力为 12 级以上，或者阵风 13 级以上并可能持续。

防御指南：

1. 政府及相关部门做好防大风应急抢险工作；

2. 停止高空等户外危险作业，人员应当停留在防风安全地方；

3. 回港避风船舶要视情况采取积极措施，妥善安排人员留守或者转移到安全地带；

4. 切断危险电源，妥善安置易受大风影响的室外物品；

5. 航空、航运、铁路、公路等单位应当采取安全保障措施，有关部门和单位注意森林等防火。

六、沙尘暴预警信号

（一）沙尘暴黄色预警信号

省气象台发布标准：预计全省有一个大区以上测站 12 小时内可能出现沙尘暴天气（能见度小于 1000 米），或者已经出现沙尘暴天气并可能持续。

各市气象台发布标准：预计本市 1/3 以上气象观测站 12 小时内可能出现沙尘暴天气（能见度小于 1000 米），或者已经出现沙尘暴天气并可能持续。

防御指南：

1. 政府及相关部门按照职责做好防沙尘暴工作；

2. 关好门窗，加固围板、棚架、广告牌等易被风吹动的搭建物，妥善安置易受大风影响的室外物品，遮盖建筑物资，做好精密仪器的密封工作；

3. 注意携带口罩、纱巾等防尘用品，以免沙尘对眼睛和呼吸道造成损伤；

4. 呼吸道疾病患者、对风沙较敏感人员不要到室外活动。

（二）沙尘暴橙色预警信号

省气象台发布标准：预计全省有一个大区以上测站 6 小时内可能出现强沙尘暴天气（能见度小于 500 米），或者已经出现强沙尘暴天气并可能持续。

各市气象台发布标准：预计本市 1/3 以上气象观测站 6 小时内可能出现强沙尘暴天气（能见度小于 500 米），或者已经出现强沙尘暴天气并可能持续。

防御指南：

1. 政府及相关部门按照职责做好防沙尘暴应急工作；

2. 停止露天活动和高空、水上等户外危险作业；

3. 机场、铁路、高速公路等单位做好交通安全的防护措施，驾驶人员注意沙尘暴变化，小心驾驶；

4. 行人注意尽量少骑自行车，户外人员应当戴好口罩、纱巾等防尘用品，注意交通安全。

（三）沙尘红色暴预警信号

省气象台发布标准：预计全省有一个大区以上测站 6 小时内可能出现特强沙尘暴天气（能见度小于 50 米），或者已经出现特强沙尘暴天气并可能持续。

各市气象台发布标准：预计本市 1/3 以上气象观测站 6 小时内可能出现特强沙尘暴天气（能见度小于 50 米），或者已经出现特强沙尘暴天气并可能持续。

防御指南：

1. 政府及相关部门按照职责做好防沙尘暴应急抢险工作；

2. 人员应当留在防风、防尘的地方，不要在户外活动；

3. 学校、幼儿园推迟上学或者放学，直至特强沙尘暴结束；

4. 飞机暂停起降，火车暂停运行，高速公路暂时封闭。

七、高温预警信号

（一）高温黄色预警信号

省气象台发布标准：预计全省半数以上气象观测站连续3天日最高气温将在35℃以上。

各市气象台发布标准：预计本市半数以上气象观测站连续3天日最高气温将在35℃以上。

防御指南：

1. 有关部门和单位按照职责做好防暑降温准备工作；

2. 午后尽量减少户外活动；

3. 对老、弱、病、幼人群提供防暑降温指导；

4. 高温条件下作业和白天需要长时间进行户外露天作业的人员应当采取必要的防护措施。

（二）高温橙色预警信号

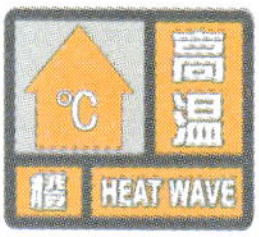

省气象台发布标准：预计全省半数以上气象观测站24小时内最高气温将升至37℃以上。

各市气象台发布标准：预计本市半数以上气象观测站24小时内最高气温将升至37℃以上。

防御指南：

1. 有关部门和单位按照职责落实防暑降温保障措施；

2. 尽量避免在高温时段进行户外活动，高温条件下作业的人员应当缩短连续工作时间；

3. 对老、弱、病、幼人群提供防暑降温指导，并采取必要的防护措施；

4. 有关部门和单位应当注意防范因用电量过高，以及电线、变压器等电力负载过大而引发的火灾。

（三）高温红色预警信号

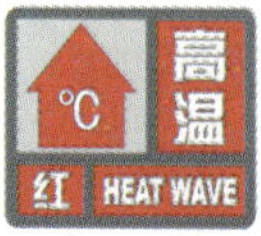

省气象台发布标准：预计全省半数以上气象观测站24小时内最高气温将升至40℃以上。

各市气象台发布标准：预计本市半数以上气象观测站24小时内最高气温将升至40℃以上。

防御指南：

1. 有关部门和单位采取防暑降温应急措施；

2. 停止户外露天作业(除特殊行业外)，减少户外活动；

3. 对老、弱、病、幼人群采取保护措施；

4. 特别防范高温引发的火险火灾事故。

八、干旱预警信号

(一)干旱橙色预警信号

省气象台发布标准：山东省半数以上地区达到气象干旱重旱等级，且至少两个地级市部分地区出现气象干旱特旱等级，预计干旱天气或干旱范围进一步发展。

各市气象台发布标准：预计本市半数以上气象观测站未来一周综合气象干旱指数达到重旱(气象干旱为25～50年一遇)，或者某一县(区)有40%以上的农作物受旱。

防御指南：

1. 有关部门和单位做好防御干旱的应急工作；

2. 启用应急备用水源，调度辖区内一切可用水源，优先保障城乡居民生活用水和牲畜饮水；

3. 压减城镇供水指标，优先经济作物灌溉用水，限制大量农业灌溉用水；

4. 限制非生产性高耗水及服务业用水，限制排放工业污水；

5. 适时开展人工增雨作业。

(二)干旱红色预警信号

省气象台发布标准：山东省半数以上地区达到气象干旱重旱等级，且至少4个地级市部分地区出现气象干旱特旱等级，预计干旱天气或干旱范围进一步发展。

各市气象台发布标准：预计本市半数以上气象观测站未来一周综合气象干旱指数达到特旱(气象干旱为50年以上一遇)，或者某一县(区)有60%以上的农作物受旱。

防御指南：

1. 有关部门和单位做好防御干旱的应急和救灾工作；

2. 采取应急供水措施，确保城乡居民生活和牲畜饮水；

3. 限时或者限量供应城镇居民生活用水，缩小或者阶段性停止农业灌溉供水；

4. 严禁非生产性高耗水及服务业用水，暂停排放工业污水；

5. 适时加大人工增雨作业力度。

九、雷电预警信号

（一）雷电黄色预警信号

省气象台发布标准：预计全省半数以上气象观测站6小时内可能发生雷电活动，可能会造成雷电灾害事故。

各市气象台发布标准：预计本市半数以上气象观测站6小时内可能发生雷电活动，可能会造成雷电灾害事故。

防御指南：

1. 政府及相关部门做好防雷准备工作；

2. 密切关注天气，尽量避免户外活动。

（二）雷电橙色预警信号

省气象台发布标准：预计全省半数以上气象观测站2小时内发生雷电活动的可能性很大，或者已经受雷电活动影响，且可能持续，出现雷电灾害事故的可能性比较大。

各市气象台发布标准：预计本市半数以上气象观测站2小时内发生雷电活动的可能性很大，或者已经受雷电活动影响，且可能持续，出现雷电灾害事故的可能性比较大。

防御指南：

1. 政府及相关部门按照职责落实防雷应急措施；

2. 人员应当留在室内，并关好门窗；

3. 户外人员应当躲入有防雷设施的建筑物或者汽车内；

4. 切断危险电源，不要在树下、电杆下、塔吊下避雨；

5. 在空旷场地不要打伞，不要把农具、羽毛球拍、高尔夫球杆等扛在肩上。

(三)雷电红色预警信号

省气象台发布标准：全省半数以上气象观测站2小时内发生雷电活动的可能性非常大，或者已经有强烈的雷电活动发生，且可能持续，出现雷电灾害事故的可能性非常大。

各市气象台发布标准：预计本市半数以上气象观测站2小时内发生雷电活动的可能性非常大，或者已经有强烈的雷电活动发生，且可能持续，出现雷电灾害事故的可能性非常大。

防御指南：

1. 政府及相关部门按照职责做好防雷应急抢险工作；

2. 人员应当尽量躲入有防雷设施的建筑物或者汽车内，并关好门窗；

3. 切勿接触天线、水管、铁丝网、金属门窗、建筑物外墙，远离电线等带电设备和其他类似金属装置；

4. 尽量不要使用无防雷装置或者防雷装置不完备的电视、电话等电器；

5. 密切注意雷电预警信息的发布。

十、冰雹预警信号

(一)冰雹橙色预警信号

省气象台发布标准：预计全省有两个大区半数以上测站6小时内可能出现冰雹天气，并可能造成雹灾。

各市气象台发布标准：预计本市1/3以上气象观测站6小时内可能出现冰雹天气，并可能造成雹灾。

防御指南：

1. 政府及相关部门按照职责做好防冰雹的应急工作；

2. 气象部门做好人工防雹作业准备并择机进行作业；

3. 户外行人立即到安全的地方暂避；

4. 驱赶家禽、牲畜进入有顶篷的场所，妥善保护易受冰雹袭击的汽车等室外物品或者设备；

5. 注意防御冰雹天气伴随的雷电灾害。

(二)冰雹红色预警信号

省气象台发布标准：预计全省有两个大区半数以上测站2小时内出现冰雹可能性极大，并可能造成重雹灾。

各市气象台发布标准：预计本市1/3以上气象观测站2小时内出现冰雹可能性极大，并可能造成重雹灾。

防御指南：

1. 政府及相关部门按照职责做好防冰雹的应急和抢险工作；

2. 气象部门做好人工防雹作业准备并择机进行作业；

3. 户外行人立即到安全的地方暂避；

4. 驱赶家禽、牲畜进入有顶篷的场所，妥善保护易受冰雹袭击的汽车等室外物品或者设备；

5. 注意防御冰雹天气伴随的雷电灾害。

十一、霜冻预警信号

(一)霜冻蓝色预警信号

省气象台发布标准：预计全省半数以上气象观测站48小时内地面最低温度将要下降到0℃以下，降温幅度达8℃以上，对农业将产生影响，或者已经降到0℃以下，对农业已经产生影响，并可能持续。

各市气象台发布标准：预计本市半数以上气象观测站48小时内地面最低温度将要下降到0℃以下，降温幅度达8℃以上，对农业将产生影响，或者已经降到0℃以下，对农业已经产生影响，并可能持续。

防御指南：

1. 政府及农林主管部门按照职责做好防霜冻准备工作；

2. 对农作物、蔬菜、花卉、瓜果、林业育种要采取一定的防护措施；

3. 农村基层组织和农户要关注当地霜冻预警信息，以便采取措施加强防护。

（二）霜冻黄色预警信号

省气象台发布标准：预计全省半数以上气象观测站24小时内地面最低温度将要下降到零下3℃以下，降温幅度达10℃以上，对农业将产生严重影响，或者已经降到零下3℃以下，对农业已经产生严重影响，并可能持续。

各市气象台发布标准：预计本市半数以上气象观测站24小时内地面最低温度将要下降到零下3℃以下，降温幅度达10℃以上，对农业将产生严重影响，或者已经降到零下3℃以下，对农业已经产生严重影响，并可能持续。

防御指南：

1. 政府及农林主管部门按照职责做好防霜冻应急工作；

2. 农村基层组织要广泛发动群众，防灾抗灾；

3. 对农作物、林业育种要积极采取田间灌溉等防霜冻、冰冻措施，尽量减少损失；

4. 对蔬菜、花卉、瓜果要采取覆盖、喷洒防冻液等措施，减轻冻害。

（三）霜冻橙色预警信号

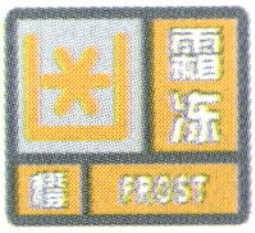

省气象台发布标准：预计全省半数以上气象观测站24小时内地面最低温度将要下降到零下5℃以下，降温幅度达12℃以上，对农业将产生严重影响，或者已经降到零下5℃以下，对农业已经产生严重影响，并将持续。

各市气象台发布标准：预计本市半数以上气象观测站24小时内地面最低温度将要下降到零下5℃以下，降温幅度达12℃以上，对农业将产生严重影响，或者已经降到零下5℃以下，对农业已经产生严重影响，并将持续。

防御指南：

1. 政府及农林主管部门按照职责做好防霜冻应急工作；

2. 农村基层组织要广泛发动群众，防灾抗灾；

3. 对农作物、蔬菜、花卉、瓜果、林业育种要采取积极的应对措施，尽量减少损失。

十二、大雾预警信号

（一）大雾黄色预警信号

省气象台发布标准：全省半数以上气象观测站12小时内可能出现能见度小于500米的雾，或者已经出现能见度小于500米、大于等于200米的雾并将持续。

各市气象台发布标准：预计本市半数以上气象观测站12小时内可能出现能见度小于500米的雾，或者已经出现能见度小于500米、大于等于200米的雾并将持续。

防御指南：

1. 有关部门和单位做好防雾准备工作；
2. 机场、高速公路、轮渡码头等单位加强交通管理，保障安全；
3. 驾驶人员注意雾的变化，小心驾驶；
4. 户外活动注意安全。

（二）大雾橙色预警信号

省气象台发布标准：全省半数以上气象观测站6小时内可能出现能见度小于200米的雾，或者已经出现能见度小于200米、大于等于50米的雾并将持续。

各市气象台发布标准：预计本市半数以上气象观测站6小时内可能出现能见度小于200米的雾，或者已经出现能见度小于200米、大于等于50米的雾并将持续。

防御指南：

1. 有关部门和单位做好防雾工作；
2. 机场、高速公路、轮渡码头等单位加强调度指挥；
3. 驾驶人员必须严格控制车、船的行进速度；
4. 减少户外活动。

（三）大雾红色预警信号

省气象台发布标准：预计全省半数以上气象观测站2小时内可能出现能见度小于50米的雾，或者已经出现能见度小于50米的雾并将持续。

各市气象台发布标准：预计本市半数以上气象观测站2小时内可能出现能见度小于50米的雾，或者已经出现能见度小于50米的雾并将持续。

防御指南：

1. 有关部门和单位做好防雾应急工作；

2. 相关部门适时采取交通安全管制措施；

3. 驾驶人员根据雾天行驶规定，采取雾天预防措施，根据环境条件采取合理行驶方式，并尽快寻找安全停放区域停靠；

4. 不要进行户外活动。

十三、霾预警信号

（一）霾黄色预警信号

省气象台发布标准：预计全省半数以上气象观测站12小时内可能出现能见度小于3000米的霾，或者已经出现能见度小于3000米的霾且可能持续。

各市气象台发布标准：预计本市半数以上气象观测站12小时内可能出现能见度小于3000米的霾，或者已经出现能见度小于3000米的霾且可能持续。

防御指南：

1. 驾驶人员小心驾驶；

2. 因空气质量明显降低，人员需适当防护；

3. 呼吸道疾病患者尽量减少外出，外出时可戴上口罩。

（二）霾橙色预警信号

省气象台发布标准：预计全省半数以上气象观测站6小时内可能出现能见度小于2000米的霾，或者已经出现能见度小于2000米的霾且可能持续。

各市气象台发布标准：预计本市半数以上气象观测站6小时内可

能出现能见度小于2000米的霾，或者已经出现能见度小于2000米的霾且可能持续。

防御指南：

1. 机场、高速公路、轮渡码头等单位加强交通管理，保障安全；

2. 驾驶人员谨慎驾驶；

3. 空气质量差，人员需适当防护；

4. 人员减少户外活动，呼吸道疾病患者尽量避免外出，外出时可戴上口罩。

十四、道路结冰预警信号

(一)道路结冰黄色预警信号

省气象台发布标准：预计全省半数以上气象观测站路表温度低于0℃，出现降水，12小时内可能出现对交通有影响的道路结冰。

各市气象台发布标准：预计本市半数以上气象观测站路表温度低于0℃，出现降水，12小时内可能出现对交通有影响的道路结冰。

防御指南：

1. 交通、公安等部门要按照职责做好道路结冰应对准备工作；

2. 驾驶人员应当注意路况，安全行驶；

3. 行人外出尽量少骑自行车，注意防滑。

(二)道路结冰橙色预警信号

省气象台发布标准：预计全省半数以上气象观测站路表温度低于0℃，出现降水，6小时内可能出现对交通有较大影响的道路结冰。

各市气象台发布标准：预计本市半数以上气象观测站路表温度低于0℃，出现降水，6小时内可能出现对交通有较大影响的道路结冰。

防御指南：

1. 交通、公安等部门要按照职责做好道路结冰应急工作；

2. 驾驶人员必须采取防滑措施，听从指挥，慢速行驶；

3. 行人外出注意防滑。

（三）道路结冰红色预警信号

省气象台发布标准：预计全省半数以上气象观测站路表温度低于0℃，出现降水，2小时内可能出现或者已经出现对交通有很大影响的道路结冰。

各市气象台发布标准：预计本市半数以上气象观测站路表温度低于0℃，出现降水，2小时内可能出现或者已经出现对交通有很大影响的道路结冰。

防御指南：

1. 交通、公安等部门做好道路结冰应急和抢险工作；

2. 交通、公安等部门注意指挥和疏导行驶车辆，必要时关闭结冰道路交通；

3. 人员尽量减少外出。

3.3 山东省气象产品标准化地理分区

为进一步规范全省预报区域用语、开展精细化天气预报，结合山东气候、地理特点和惯例，2005年山东省气象局制定了山东气象产品标准化地理分区用语。

山东分为4个大区，大区中又包括小分区。

（1）分区图

山东4个大区为（图3.1）：

鲁西北：聊城、德州、滨州、东营四市和济南市的商河、济阳两县，淄博市的高青、桓台两县；

鲁中：泰安、莱芜、潍坊三市，济南、淄博两市大部；

鲁南：菏泽、枣庄、济宁、临沂、日照五市；

半岛：烟台、威海、青岛三市。

各大区中的小分区（图3.2、图3.3）为：

鲁西北：鲁西北东部、鲁西北西部；

鲁中：鲁中北部、鲁中南部和鲁中东部、鲁中西部；

鲁南：鲁西南和鲁东南；

半岛:半岛南部、半岛北部和半岛内陆、半岛沿海。

图 3.1　山东气象产品 4 大地理分区

图 3.2　山东气象产品地理小分区(1)

图 3.3　山东气象产品地理小分区(2)

(2)分区表

各区包括的具体市、县如下(表 3.1):

表 3.1　山东气象产品地理分区表

地理分区大区	地理分区小区	所辖县、市
鲁西北	鲁西北东部	(滨州)无棣县、沾化县、阳信县、惠民县、博兴县、邹平县、滨州市 (东营)垦利县、利津县、广饶县、东营市 (淄博)高青县、桓台县
	鲁西北西部	(德州)庆云县、乐陵市、宁津县、陵县、武城县、夏津县、平原县、临邑县、禹城市、齐河县、德州市 (济南)商河县、济阳县 (聊城)临清市、高唐县、茌平县、冠县、莘县、阳谷县、东阿县、聊城市

续表

地理分区大区	地理分区小区	所辖县、市
鲁中	鲁中北部	（济南）章丘市、平阴县、济南市 （淄博）淄博市 （潍坊）青州市、寿光市、昌邑市、昌乐县、潍坊市
	鲁中南部	（泰安）东平县、肥城市、宁阳县、新泰市、泰安市 （莱芜）莱芜市 （淄博）沂源县 （潍坊）临朐县、安丘市、诸城市、高密市
	鲁中东部	（淄博）沂源县、淄博市 （潍坊）青州市、寿光市、昌邑市、昌乐县、临朐县、安丘市、诸城市、高密市、潍坊市
	鲁中西部	（济南）章丘市、平阴县、济南市 （莱芜）莱芜市 （泰安）东平县、肥城市、宁阳县、新泰市、泰安市
鲁南	鲁东南	（临沂）蒙阴县、沂水县、平邑县、沂南县、费县、莒南县、苍山县、郯城县、临沭县、临沂市 （日照）五莲县、莒县、日照市 （枣庄）滕州市、枣庄市
	鲁西南	（济宁）梁山县、汶上县、嘉祥县、兖州市、曲阜市、泗水县、邹城市、金乡县、鱼台县、微山县、济宁市 （菏泽）郓城县、鄄城县、东明县、定陶县、巨野县、成武县、曹县、单县、菏泽市

续表

地理分区大区	地理分区小区	所辖县、市
半岛	半岛北部	(青岛)平度市 (烟台)莱州市、招远市、龙口市、蓬莱市、长岛县、栖霞市、烟台市 (威海)威海市
	半岛南部	(青岛)胶南市、胶州市、莱西市、即墨市、青岛市 (烟台)莱阳市、海阳市 (威海)乳山市、文登市、荣成市
	半岛内陆	(青岛)平度市、莱西市 (烟台)莱阳市、栖霞市
	半岛沿海	(青岛)胶南市、胶州市、即墨市、青岛市 (烟台)莱州市、招远市、龙口市、蓬莱市、长岛县、海阳市、烟台市 (威海)乳山市、文登市、荣成市、威海市

4 人工影响天气基础知识及安全知识

人工影响天气，是指为避免或者减轻气象灾害，在适当条件下通过科技手段对局部大气的物理、化学过程进行人工影响作业，实现增雨(雪)、防雹、消雨、消雾、防霜等目的的活动。在山东省，广泛开展的人工影响天气活动有人工增雨(雪)、人工防雹；另外在人工防霜、人工消雨方面山东省也开展了一些试验性工作。

4.1 人工影响天气基础知识

科学的人工影响天气是在美国的诺贝尔奖获得者朗格缪尔指导下、于20世纪40年代末在纽约一家实验室的实验基础上发展起来的。1946年美国科学家谢弗乘飞机用干冰(固态二氧化碳)对层积云进行催化实验，发现云中过冷却水滴(温度低于0℃，但由于缺少冻结物仍呈液态)很快转化为成群的冰晶，不断增大并从云底下落，在云中留下一个明显的空洞。这次成功的试验对人工影响天气的研究和发展是一个有力的推动。

对云层使用的催化剂通常分为三类，第一类是可以产生大量冻结核或凝华核的成核剂，如碘化银；第二类是可以使云中水分形成大量冰晶的致冷剂，如干冰、液氮、液体丙烷等；第三类是可以吸附云中水分变成较大水滴的吸湿剂，如各种吸湿性盐粒。碘化银、干冰、液氮等适合作为温度低于0℃的冷云催化剂，而各种吸湿性盐粒则只适用于温度高于0℃的暖云催化。

4.1.1 人工增雨(雪)

云是空气上升运动的结果，随着空气的上升，地面的水汽也被夹带着一起上升，在上升过程中，空气膨胀降温使水汽逐步达到饱和凝结形成云。通常，高空的云是否下雨，不仅仅取决于云中水汽的含量，还取决于云中有没有大云滴。即使在自然降水形成的情况下，云中的水分也不能完全转化成降水，还有相当一部分水分随着风流走了。基于这一点，根据云的情况(性质、高度、厚度、浓度、范围等)，向云体播撒适合大小的吸湿性盐粉，增加大云滴的数量，以改变云滴的大小分布，加速其生长，转化为雨滴，达到增加降水的目的。但人工增雨是有条件的，必须在作业区域及上游地区有较厚实(水汽含量相对较高)的云，否则无法达到有效的增雨效果。

山东省进行人工增雨(雪)作业的方式主要有三种：一是飞机增雨作业，比较适合对稳定的层状云系进行催化作业，优点是机动灵活、催化范围广，而且飞机内可装载云粒子探测设备，可对催化前后云的宏微观变化、云的微物理结构进行跟踪观测，选用冷云催化剂干冰、液氮或碘化银(AgI)等(图 4.1)。二是以高炮和火箭为主的地面催化作业，缺点是影响范围有限，较适合固定目标区作业(图 4.2)。三是地面 AgI 燃烧炉催化作业。通过燃烧碘化银产生带有微小颗粒的浓烟，随风和

图 4.1 增雨作业用的“安—26”飞机

上升气流向空中扩散，对云进行催化，从而增加降水，适合地势较高的山地作业。该装置具有经济、简单、易操作的特点，缺点是难以确定催化剂入云的剂量。

图 4.2 火箭增雨作业现场

山东省 1989 年恢复飞机人工增雨作业后首先使用的催化剂是干冰。作业时，通过安装在飞机上的漏斗向云中播撒干冰，其缺点是机舱不密封、机舱缺氧，需要人工操作。1993 年引进了机载碘化银发生器，作业时在机舱内通过操作按钮启动机翼下的碘化银发生器内碘化银丙酮溶液燃烧，以烟雾的形式向云中播撒。2005 年引进了机载焰条燃烧播撒设备，该设备具有体积小、重量轻、风阻小、安全、高效、可控性强、作业便捷、成核率高等优点，作业时，将发烟管装在飞机携带的播撒架上，当飞机到达作业云层后，通过控制器上的按钮便可点燃催化剂进行催化。之后又很快引进了碘化银焰弹发射装备，飞机作业时可在云层上方将焰弹发射下落到作业云层，从而避免了在飞机积冰较强的云中飞行，提高了飞机作业安全性。

山东省目前地面人工影响天气作业使用主要装备：(1)37 高射炮，高炮弹头内装填有碘化银，发射到云中后弹头爆炸，碘化银被分散到云中；(2)火箭发射架，有固定和车载两类，碘化银焰剂在弹体中携带，发射到一定高度后焰剂燃烧开始播撒催化；(3)置于高山的碘化银燃烧炉，通过燃烧将碘化银小颗粒播撒到空中后随上升气流进入云层。

4.1.2 人工防雹

冰雹产生于对流发展极为强盛的冰雹云，其显著特点是云中水汽丰沛、上升运动强烈。强烈的上升气流维持着雹胚循环升降、不断增大、最后脱离云体的过程。

人工防雹所采用的方法与人工增雨的方法类似，不同之处在于人工防雹需要过量催化。通常，人工防雹是用高炮（图 4.3）或火箭（图 4.4）将装有碘化银的弹头发射到冰雹云的适当部位，以爆炸或喷焰的方式播撒碘化银催化剂，通过播撒大量凝华核或冻结核，以产生大量冰晶，与自然雹胚争食水分，使雹云中不能形成大冰雹，从而达到防雹的目的；另外炮弹爆炸后产生的冲击会扰乱雹云内的上升气流，对雹云发展有抑制作用。

中国人很早以前就使用土炮防雹，17 世纪末清代的《广阳杂记》对土炮防雹就有明确记载："夏五、六月间，常有暴风起，黄云自山来，必有冰雹，土人见黄云起，则鸣金鼓，以枪炮向之施放，即散去。"这是中国古代用土炮防雹的生动描述。

由于受特殊地理位置的影响，山东省的德州、滨州、东营、聊城、济

图 4.3 人工增雨防雹作业所用的双管"三七"高炮

南、淄博、潍坊等地是冰雹的多发地带,因此每年的春、夏两季,也是上述地区最繁忙的防雹季节。在防雹作业中,一般用天气雷达指挥催化作业,多普勒雷达可直接指示上升气流极值区,常规雷达可指示雹云发展阶段的强回波中心的位置,指示上升气流极值区。

图 4.4　人工增雨防雹火箭发射架和火箭弹

虽然人工防雹在服务三农中发挥了重要作用,但由于防雹作业在很大程度上受作业点布设位置、数量和现有技术的限制,因此防雹工作还只能实现防雹减灾而不能完全避免雹灾造成的损失。

4.1.3　人工消(减)雨

在重大节日庆典活动中,人们要求消除局地小范围的降雨,国内外曾做过一些尝试,采用的主要方法是通过"提前降水"和"抑制降水"两种手段达到人工抑制局地降水的目的。"提前降水"是在保护区上风方进行人工增雨作业,使降水提前;"抑制降水"是通过过量播撒催化剂,形成人工冰核,冰核数量多了,每个冰核吸收的水分相应减少,从而抑制降水粒子生长,延缓或减弱降水。另外还有一种"对流抑制"的方法,就是在对流云上方播撒大量(以吨计)的水泥、硅藻土粉等颗粒物,意在产生下沉气流抑制云中对流的发展,从而阻断或减小降雨。

目前,人工消(减)雨作业尚属于科学试验阶段,许多科学问题还有待进一步探索研究。前苏联、美国、马来西亚等国家曾进行过人工消雨试验。我国在2008北京奥运会、残奥会开(闭)幕式开展了人工消(减)雨作业试验,并取得了成功。

人工消(减)雨作业作为人工影响天气技术的拓展和延伸,在技术、组织和协调等方面提出了更高、更严格的要求。但目前人工消(减)雨作业技术无论在国际还是国内还不容乐观,对于小范围的弱降水会产生一定的消(减)雨效果,但对于强降水或者是深厚的雨层云,目前的人工消减雨技术水平还达不到。

4.1.4 人工防霜冻

人工防霜冻是用人工方法提高近地面层和土壤表面温度,使作物和苗木等免受冻害的措施,常有5类方法:

①烟雾法,用柴草或废柴油等燃烧产生烟雾,以抑制地表面长波辐射降温,使水汽在烟粒上凝结而释放潜热,从而达到增温防霜冻。

②扰动混合法,晴夜的近地层常为逆温层,用吹风机吹风搅动,把上面暖空气搅动向下混合,达到提高下层温度以防霜冻。

③灌水法与洒水法:寒潮来临前,给作物灌水,可防霜冻。可在作物表面连续洒水,使作物表面一层水膜在结冰时释放潜热,以达到保护作物不受霜冻之害。

④加热法,在果园或珍贵作物园,摆许多加热炉直接加热空气以防霜冻。此法成本较高。

⑤覆盖法,用农用薄膜覆盖小区域作物,阻止长波辐射降温,可防霜冻。

4.1.5 人工消雾

雾降低能见度、影响飞机起降、容易引发严重交通事故,人类希望能适时进行人工消雾。

雾主要由小水滴组成,分为冷雾(低于0℃)和暖雾(高于0℃)。消冷雾的原理,主要是用致冷剂产生冰晶增加凝结核来消耗过冷水滴,但产生冰晶必须使温度达到－40℃以下。一克干冰大约可以产生一万亿个小冰晶，另外，如丙烷、液氮可以使云雾气温下降到－70℃、－196℃，所以它们的消雾效果也不错。俄罗斯、我国在消雾工作就曾用过液氮。实际上，消雾时常常要在地面设置多个催化剂撒播点，在地面上数米高度上施放催化剂，但这关系到风向和风速问题。国外的一些国家常布置多个撒播点，根据具体情况自动调整位置。

虽然人工消冷雾有很多成功的实验个例，但是由于大雾往往大范围发生、持续时间长且随风移动，而人工可影响的范围及持续时间有限，真正长期开展这类工作还受到成本的限制。至于消暖雾，科学家们还在努力探索。国外曾有机场采用加热焚烧的办法驱雾，如巴黎奥利机场有一大群燃烧炉，在消雾时能自动点火，可耗油量很大，而且效果不明显，所以并不十分可取。法国戴高乐机场还把喷气式飞机派上了用场，在有大雾时，工作值班人员开动喷气发动机，利用高温喷气来驱赶浓雾。

4.2 山东增雨防雹作业的实施过程

4.2.1 飞机人工增雨作业

根据飞机增雨业务技术流程、规范和安全飞行条件，指挥人员分析天气条件，并综合利用数值模式产品、雷达、卫星等资料开展飞机增雨作业条件分析和预报。如天气条件适合实施催化作业，则制定飞机增雨作业方案和设计作业航线，按规定将飞行作业计划上报各飞行保障部门，同时做好飞行前的各项准备工作。飞行计划获得批准后，机组和作业人员迅速进入机场实施起飞作业。作业结束后指挥中心负责增雨作业资料汇总和评估，通过信息管理系统将作业情况报有关管理部门。

4.2.2 高炮、火箭人工增雨防雹作业

市级人工影响天气指挥中心值班人员根据上级人工影响天气部门发布的作业指导产品和作业预警指令，结合当地雷达、自动气象站等观

测资料，充分利用短时天气预报信息，根据建立的可作业条件判别指标体系，进行人工影响天气作业条件综合分析预报，制定科学的地面作业实施方案并申请作业空域，待航管部门批复空域后，立即将作业指令下达到县级人工影响天气指挥中心或作业点。每次作业结束后，作业人员对高炮进行维护保养，填写作业登记表，将作业的起止时间、射击方位、仰角、用弹型号、用弹量、天气实况等情况登记备案，并收集有关技术数据和资料。作业资料实行逐级上报制度，即作业点将作业情况反馈到县级指挥中心，县级指挥中心将数据汇总后反馈到市级指挥中心，市级指挥中心将数据汇总后报省级指挥中心，最后由省级指挥中心通过信息管理系统将作业情况报有关管理部门。

4.3 高炮、火箭人工影响天气安全知识

人工影响天气是一项利国利民的公益性事业，在各级人民政府的支持下、由气象部门在批准的空域和作业时限内，严格按照国务院气象主管机构规定的作业规范和操作规程组织实施。为确保作业安全，特介绍以下避险知识：

(1)地面人工影响天气作业工具一般为高射炮和火箭。由于极个别的高射炮弹可能瞎火空中爆炸，火箭弹发射后飞行弹道末端自毁和降落伞飘落两种方式也存在不能正常启动的可能，从而导致炮弹头、火箭壳体高速坠落产生险情。因此，在人工影响天气作业期间，处于作业点附近的居民应密切关注人工影响天气部门发布人工影响天气作业公告，根据公告有关提示避免到警示区活动；作业时 200 米范围内禁止群众围观，以免发生意外。

(2)如发生人工影响天气作业意外事故和落地未爆炸的炮弹、火箭弹时，严禁捡拾、敲打、拆卸、玩耍，人和牲畜应立即撤离该地点，迅速报告所在地乡镇以上政府、公安机关或人工影响天气部门，并协助保护好事发现场。

(3)高炮、火箭、地面燃烧炉等均属于人工影响天气专用设备，任何组织或个人不得拆卸、毁损，违者将承担法律责任。

附录1 中华人民共和国气象法

（1999年10月31日第九届全国人民代表大会
常务委员会第十二次会议通过）

第一章 总 则

第一条 为了发展气象事业，规范气象工作，准确、及时地发布气象预报，防御气象灾害，合理开发利用和保护气候资源，为经济建设、国防建设、社会发展和人民生活提供气象服务，制定本法。

第二条 在中华人民共和国领域和中华人民共和国管辖的其他海域从事气象探测、预报、服务和气象灾害防御、气候资源利用、气象科学技术研究等活动，应当遵守本法。

第三条 气象事业是经济建设、国防建设、社会发展和人民生活的基础性公益事业，气象工作应当把公益性气象服务放在首位。

县级以上人民政府应当加强对气象工作的领导和协调，将气象事业纳入中央和地方同级国民经济和社会发展计划及财政预算，以保障其充分发挥为社会公众、政府决策和经济发展服务的功能。

县级以上地方人民政府根据当地社会经济发展的需要所建设的地方气象事业项目，其投资主要由本级财政承担。

气象台站在确保公益性气象无偿服务的前提下，可以依法开展气象有偿服务。

第四条 县、市气象主管机构所属的气象台站应当主要为农业生产服务，及时主动提供保障当地农业生产所需的公益性气象信息服务。

第五条 国务院气象主管机构负责全国的气象工作。地方各级气象主管机构在上级气象主管机构和本级人民政府的领导下，负责本行政区域内的气象工作。

国务院其他有关部门和省、自治区、直辖市人民政府其他有关部门所属的气象台站，应当接受同级气象主管机构对其气象工作的指导、监督和行业管理。

第六条 从事气象业务活动，应当遵守国家制定的气象技术标准、规范和规程。

第七条 国家鼓励和支持气象科学技术研究、气象科学知识普及，培养气象人才，推广先进的气象科学技术，保护气象科技成果，加强国际气象合作与交流，发展气象信息产业，提高气象工作水平。

各级人民政府应当关心和支持少数民族地区、边远贫困地区、艰苦地区和海岛的气象台站的建设和运行。

对在气象工作中做出突出贡献的单位和个人，给予奖励。

第八条 外国的组织和个人在中华人民共和国领域和中华人民共和国管辖的其他海域从事气象活动，必须经国务院气象主管机构会同有关部门批准。

第二章 气象设施的建设与管理

第九条 国务院气象主管机构应当组织有关部门编制气象探测设施、气象信息专用传输设施、大型气象专用技术装备等重要气象设施的建设规划，报国务院批准后实施。气象设施建设规划的调整、修改，必须报国务院批准。

编制气象设施建设规划，应当遵循合理布局、有效利用、兼顾当前与长远需要的原则，避免重复建设。

第十条 重要气象设施建设项目，在项目建议书和可行性研究报告报批前，应当按照项目相应的审批权限，经国务院气象主管机构或者省、自治区、直辖市气象主管机构审查同意。

第十一条 国家依法保护气象设施，任何组织或者个人不得侵占、损毁或者擅自移动气象设施。

气象设施因不可抗力遭受破坏时，当地人民政府应当采取紧急措施，组织力量修复，确保气象设施正常运行。

第十二条 未经依法批准，任何组织或者个人不得迁移气象台站；确因实施城市规划或者国家重点工程建设，需要迁移国家基准气候站、基本气象站的，应当报经国务院气象主管机构批准；需要迁移其他气象台站的，应当报经省、自治区、直辖市气象主管机构批准。迁建费用由建设单位承担。

第十三条 气象专用技术装备应当符合国务院气象主管机构规定的技术要求，并经国务院气象主管机构审查合格；未经审查或者审查不合格的，不得在气象业务中使用。

第十四条 气象计量器具应当依照《中华人民共和国计量法》的有关规定，经气象计量检定机构检定。未经检定、检定不合格或者超过检定有效期的气象计量器具，不得使用。

国务院气象主管机构和省、自治区、直辖市气象主管机构可以根据需要建立气象计量标准器具，其各项最高计量标准器具依照《中华人民共和国计量法》的规定，经考核合格后，方可使用。

第三章 气象探测

第十五条 各级气象主管机构所属的气象台站，应当按照国务院气象主管机构的规定，进行气象探测并向有关气象主管机构汇交气象探测资料。未经上级气象主管机构批准，不得中止气象探测。

国务院气象主管机构及有关地方气象主管机构应当按照国家规定适时发布基本气象探测资料。

第十六条 国务院其他有关部门和省、自治区、直辖市人民政府其他有关部门所属的气象台站及其他从事气象探测的组织和个人，应当按照国家有关规定向国务院气象主管机构或者省、自治区、直辖市气象主管机构汇交所获得的气象探测资料。

各级气象主管机构应当按照气象资料共享、共用的原则，根据国家有关规定，与其他从事气象工作的机构交换有关气象信息资料。

第十七条 在中华人民共和国内水、领海和中华人民共和国管辖的其他海域的海上钻井平台和具有中华人民共和国国籍的在国际航线上飞行的航空器、远洋航行的船舶，应当按照国家有关规定进行气象探测并报告气象探测信息。

第十八条 基本气象探测资料以外的气象探测资料需要保密的，其密级的确定、变更和解密以及使用，依照《中华人民共和国保守国家秘密法》的规定执行。

第十九条　国家依法保护气象探测环境，任何组织和个人都有保护气象探测环境的义务。

第二十条　禁止下列危害气象探测环境的行为：

（一）在气象探测环境保护范围内设置障碍物、进行爆破和采石；

（二）在气象探测环境保护范围内设置影响气象探测设施工作效能的高频电磁辐射装置；

（三）在气象探测环境保护范围内从事其他影响气象探测的行为。

气象探测环境保护范围的划定标准由国务院气象主管机构规定。各级人民政府应当按照法定标准划定气象探测环境的保护范围，并纳入城市规划或者村庄和集镇规划。

第二十一条　新建、扩建、改建建设工程，应当避免危害气象探测环境；确实无法避免的，属于国家基准气候站、基本气象站的探测环境，建设单位应当事先征得国务院气象主管机构的同意，属于其他气象台站的探测环境，应当事先征得省、自治区、直辖市气象主管机构的同意，并采取相应的措施后，方可建设。

第四章　气象预报与灾害性天气警报

第二十二条　国家对公众气象预报和灾害性天气警报实行统一发布制度。

各级气象主管机构所属的气象台站应当按照职责向社会发布公众气象预报和灾害性天气警报，并根据天气变化情况及时补充或者订正。其他任何组织或者个人不得向社会发布公众气象预报和灾害性天气警报。

国务院其他有关部门和省、自治区、直辖市人民政府其他有关部门所属的气象台站，可以发布供本系统使用的专项气象预报。

各级气象主管机构及其所属的气象台站应当提高公众气象预报和灾害性天气警报的准确性、及时性和服务水平。

第二十三条　各级气象主管机构所属的气象台站应当根据需要，发布农业气象预报、城市环境气象预报、火险气象等级预报等专业气象预报，并配合军事气象部门进行国防建设所需的气象服务工作。

第二十四条 各级广播、电视台站和省级人民政府指定的报纸，应当安排专门的时间或者版面，每天播发或者刊登公众气象预报或者灾害性天气警报。

各级气象主管机构所属的气象台站应当保证其制作的气象预报节目的质量。

广播、电视播出单位改变气象预报节目播发时间安排的，应当事先征得有关气象台站的同意；对国计民生可能产生重大影响的灾害性天气警报和补充、订正的气象预报，应当及时增播或者插播。

第二十五条 广播、电视、报纸、电信等媒体向社会传播气象预报和灾害性天气警报，必须使用气象主管机构所属的气象台站提供的适时气象信息，并标明发布时间和气象台站的名称。通过传播气象信息获得的收益，应当提取一部分支持气象事业的发展。

第二十六条 信息产业部门应当与气象主管机构密切配合，确保气象通信畅通，准确、及时地传递气象情报、气象预报和灾害性天气警报。

气象无线电专用频道和信道受国家保护，任何组织或者个人不得挤占和干扰。

第五章 气象灾害防御

第二十七条 县级以上人民政府应当加强气象灾害监测、预警系统建设，组织有关部门编制气象灾害防御规划，并采取有效措施，提高防御气象灾害的能力。有关组织和个人应当服从人民政府的指挥和安排，做好气象灾害防御工作。

第二十八条 各级气象主管机构应当组织对重大灾害性天气的跨地区、跨部门的联合监测、预报工作，及时提出气象灾害防御措施，并对重大气象灾害作出评估，为本级人民政府组织防御气象灾害提供决策依据。

各级气象主管机构所属的气象台站应当加强对可能影响当地的灾害性天气的监测和预报，并及时报告有关气象主管机构。其他有关部门所属的气象台站和与灾害性天气监测、预报有关的单位应当及时向气象主管机构提供监测、预报气象灾害所需要的气象探测信息和有关的水情、风暴潮等监测信息。

第二十九条 县级以上地方人民政府应当根据防御气象灾害的需要，制定气象灾害防御方案，并根据气象主管机构提供的气象信息，组织实施气象灾害防御方案，避免或者减轻气象灾害。

第三十条 县级以上人民政府应当加强对人工影响天气工作的领导，并根据实际情况，有组织、有计划地开展人工影响天气工作。

国务院气象主管机构应当加强对全国人工影响天气工作的管理和指导。地方各级气象主管机构应当制定人工影响天气作业方案，并在本级人民政府的领导和协调下，管理、指导和组织实施人工影响天气作业。有关部门应当按照职责分工，配合气象主管机构做好人工影响天气的有关工作。

实施人工影响天气作业的组织必须具备省、自治区、直辖市气象主管机构规定的资格条件，并使用符合国务院气象主管机构要求的技术标准的作业设备，遵守作业规范。

第三十一条 各级气象主管机构应当加强对雷电灾害防御工作的组织管理，并会同有关部门指导对可能遭受雷击的建筑物、构筑物和其他设施安装的雷电灾害防护装置的检测工作。

安装的雷电灾害防护装置应当符合国务院气象主管机构规定的使用要求。

第六章 气候资源开发利用和保护

第三十二条 国务院气象主管机构负责全国气候资源的综合调查、区划工作，组织进行气候监测、分析、评价，并对可能引起气候恶化的大气成分进行监测，定期发布全国气候状况公报。

第三十三条 县级以上地方人民政府应当根据本地区气候资源的特点，对气候资源开发利用的方向和保护的重点作出规划。

地方各级气象主管机构应当根据本级人民政府的规划，向本级人民政府和同级有关部门提出利用、保护气候资源和推广应用气候资源区划等成果的建议。

第三十四条 各级气象主管机构应当组织对城市规划、国家重点建设工程、重大区域性经济开发项目和大型太阳能、风能等气候资源开发利用项目进行气候可行性论证。

具有大气环境影响评价资格的单位进行工程建设项目大气环境影响评价时，应当使用气象主管机构提供或者经其审查的气象资料。

第七章　法律责任

第三十五条　违反本法规定，有下列行为之一的，由有关气象主管机构按照权限责令停止违法行为，限期恢复原状或者采取其他补救措施，可以并处五万元以下的罚款；造成损失的，依法承担赔偿责任；构成犯罪的，依法追究刑事责任：

（一）侵占、损毁或者未经批准擅自移动气象设施的；

（二）在气象探测环境保护范围内从事危害气象探测环境活动的。

在气象探测环境保护范围内，违法批准占用土地的，或者非法占用土地新建建筑物或者其他设施的，依照《中华人民共和国城市规划法》或者《中华人民共和国土地管理法》的有关规定处罚。

第三十六条　违反本法规定，使用不符合技术要求的气象专用技术装备，造成危害的，由有关气象主管机构按照权限责令改正，给予警告，可以并处五万元以下的罚款。

第三十七条　违反本法规定，安装不符合使用要求的雷电灾害防护装置的，由有关气象主管机构责令改正，给予警告。使用不符合使用要求的雷电灾害防护装置给他人造成损失的，依法承担赔偿责任。

第三十八条　违反本法规定，有下列行为之一的，由有关气象主管机构按照权限责令改正，给予警告，可以并处五万元以下的罚款：

（一）非法向社会发布公众气象预报、灾害性天气警报的；

（二）广播、电视、报纸、电信等媒体向社会传播公众气象预报、灾害性天气警报，不使用气象主管机构所属的气象台站提供的适时气象信息的；

（三）从事大气环境影响评价的单位进行工程建设项目大气环境影响评价时，使用的气象资料不是气象主管机构提供或者审查的。

第三十九条　违反本法规定，不具备省、自治区、直辖市气象主管机构规定的资格条件实施人工影响天气作业的，或者实施人工影响天气作业使用不符合国务院气象主管机构要求的技术标准的作业设备的，由有关气象主管机构按照权限责令改正，给予警告，可以并处十万元以下的罚款；给他人造成损失的，依法承担赔偿责任；构成犯罪的，依法追究刑事责任。

第四十条 各级气象主管机构及其所属气象台站的工作人员由于玩忽职守，导致重大漏报、错报公众气象预报、灾害性天气警报，以及丢失或者毁坏原始气象探测资料、伪造气象资料等事故的，依法给予行政处分；致使国家利益和人民生命财产遭受重大损失，构成犯罪的，依法追究刑事责任。

第八章 附 则

第四十一条 本法中下列用语的含义是：

（一）气象设施，是指气象探测设施、气象信息专用传输设施、大型气象专用技术装备等。

（二）气象探测，是指利用科技手段对大气和近地层的大气物理过程、现象及其化学性质等进行的系统观察和测量。

（三）气象探测环境，是指为避开各种干扰保证气象探测设施准确获得气象探测信息所必需的最小距离构成的环境空间。

（四）气象灾害，是指台风、暴雨（雪）、寒潮、大风（沙尘暴）、低温、高温、干旱、雷电、冰雹、霜冻和大雾等所造成的灾害。

（五）人工影响天气，是指为避免或者减轻气象灾害，合理利用气候资源，在适当条件下通过科技手段对局部大气的物理、化学过程进行人工影响，实现增雨雪、防雹、消雨、消雾、防霜等目的的活动。

第四十二条 气象台站和其他开展气象有偿服务的单位，从事气象有偿服务的范围、项目、收费等具体管理办法，由国务院依据本法规定。

第四十三条 中国人民解放军气象工作的管理办法，由中央军事委员会制定。

第四十四条 中华人民共和国缔结或者参加的有关气象活动的国际条约与本法有不同规定的，适用该国际条约的规定；但是，中华人民共和国声明保留的条款除外。

第四十五条 本法自2000年1月1日起施行。1994年8月18日国务院发布的《中华人民共和国气象条例》同时废止。

附录2　人工影响天气管理条例

（2002年3月13日国务院第56次常务会议讨论通过）

第一条　为了加强对人工影响天气工作的管理，防御和减轻气象灾害，根据《中华人民共和国气象法》的有关规定，制定本条例。

第二条　在中华人民共和国领域内从事人工影响天气活动，应当遵守本条例。

第三条　本条例所称人工影响天气，是指为避免或者减轻气象灾害，合理利用气候资源，在适当条件下通过科技手段对局部大气的物理、化学过程进行人工影响，实现增雨雪、防雹、消雨、消雾、防霜等目的的活动。

第四条　人工影响天气工作按照作业规模和影响范围，在作业地县级以上地方人民政府的领导和协调下，由气象主管机构组织实施和指导管理。

第五条　开展人工影响天气工作，应当制定人工影响天气工作计划。人工影响天气工作计划由有关地方气象主管机构商同级有关部门编制，报本级人民政府批准后实施。

按照有关人民政府批准的人工影响天气工作计划开展的人工影响天气工作属于公益性事业，所需经费列入该级人民政府的财政预算。

第六条　组织实施人工影响天气作业，应当具备适宜的天气气候条件，充分考虑当地防灾减灾的需要和作业效果。

第七条　国家鼓励和支持人工影响天气科学技术研究，推广使用先进技术。

县级以上地方人民政府应当组织专家对人工影响天气作业的效果进行评估，并根据评估结果，对提供决策依据的有关单位给予奖惩。

第八条　人工影响天气的作业地点，由省、自治区、直辖市气象主管机构根据当地气候特点、地理条件，依照《中华人民共和国民用航空法》、《中华人民共和国飞行基本规则》的有关规定，会同有关飞行管制部门确定。

第九条 从事人工影响天气作业的单位，应当符合省、自治区、直辖市气象主管机构规定的条件。

第十条 从事人工影响天气作业的人员，经省、自治区、直辖市气象主管机构培训、考核合格后，方可实施人工影响天气作业。

利用高射炮、火箭发射装置从事人工影响天气作业的人员名单，由所在地的气象主管机构抄送当地公安机关备案。

第十一条 利用高射炮、火箭发射装置实施人工影响天气作业，由作业地的县级以上地方气象主管机构向有关飞行管制部门申请空域和作业时限。

利用飞机实施人工影响天气作业，由省、自治区、直辖市气象主管机构向有关飞行管制部门申请空域和作业时限；所需飞机由军队或者民航部门按照供需双方协商确定的方式提供；机场管理机构及有关单位应当根据人工影响天气工作计划做好保障工作。

有关飞行管制部门接到申请后，应当及时作出决定并通知申请人。

第十二条 实施人工影响天气作业，必须在批准的空域和作业时限内，严格按照国务院气象主管机构规定的作业规范和操作规程进行，并接受县级以上地方气象主管机构的指挥、管理和监督，确保作业安全。

实施人工影响天气作业，作业地的气象主管机构应当根据具体情况提前公告，并通知当地公安机关做好安全保卫工作。

第十三条 作业地气象台站应当及时无偿提供实施人工影响天气作业所需的气象探测资料、情报、预报。

农业、水利、林业等有关部门应当及时无偿提供实施人工影响天气作业所需的灾情、水文、火情等资料。

第十四条 需要跨省、自治区、直辖市实施人工影响天气作业的，由有关省、自治区、直辖市人民政府协商确定；协商不成的，由国务院气象主管机构商有关省、自治区、直辖市人民政府确定。

第十五条 实施人工影响天气作业使用的火箭发射装置、炮弹、火箭弹，由国务院气象主管机构和有关部门共同指定的企业按照国家有关强制性技术标准和要求组织生产。

因作业需要采购前款规定设备的，由省、自治区、直辖市气象主管机构按照国家有关政府采购的规定组织采购。

第十六条 运输、存储人工影响天气作业使用的高射炮、火箭发射装置、炮弹、火箭弹，应当遵守国家有关武器装备、爆炸物品管理的法律、法规。实施人工影响天气作业使用的炮弹、火箭弹，由军队、当地人民武装部协助存储；需要调运的，由有关部门依照国家有关武器装备、爆炸物品管理的法律、法规的规定办理手续。

第十七条 实施人工影响天气作业使用的高射炮、火箭发射装置，由省、自治区、直辖市气象主管机构组织年检；年检不合格的，应当立即进行检修，经检修仍达不到规定的技术标准和要求的，予以报废。

第十八条 禁止下列行为：

（一）将人工影响天气作业设备转让给非人工影响天气作业单位或者个人；

（二）将人工影响天气作业设备用于与人工影响天气无关的活动；

（三）使用年检不合格、超过有效期或者报废的人工影响天气作业设备。

人工影响天气作业单位之间需要转让人工影响天气作业设备的，应当报经有关省、自治区、直辖市气象主管机构批准。

第十九条 违反本条例规定，有下列行为之一，造成严重后果的，依照刑法关于危险物品肇事罪、重大责任事故罪或者其他罪的规定，依法追究刑事责任；尚不够刑事处罚的，由有关气象主管机构按照管理权限责令改正，给予警告；情节严重的，取消作业资格；造成损失的，依法承担赔偿责任：

（一）违反人工影响天气作业规范或者操作规程的；

（二）未按照批准的空域和作业时限实施人工影响天气作业的；

（三）将人工影响天气作业设备转让给非人工影响天气作业单位或者个人的；

（四）未经批准，人工影响天气作业单位之间转让人工影响天气作业设备的；

（五）将人工影响天气作业设备用于与人工影响天气无关的活动的。

第二十条 违反本条例规定，组织实施人工影响天气作业，造成特大安全事故的，对有关主管机构的负责人、直接负责的主管人员和其他直接责任人员，依照《国务院关于特大安全事故行政责任追究的规定》处理。

第二十一条 为军事目的从事人工影响天气活动的具体管理办法，由中央军事委员会制定。

第二十二条 本条例自 2002 年 5 月 1 日起施行。

附录3 气象灾害防御条例

（2010年1月20日国务院第98次常务会议通过）

第一章 总 则

第一条 为了加强气象灾害的防御，避免、减轻气象灾害造成的损失，保障人民生命财产安全，根据《中华人民共和国气象法》，制定本条例。

第二条 在中华人民共和国领域和中华人民共和国管辖的其他海域内从事气象灾害防御活动的，应当遵守本条例。

本条例所称气象灾害，是指台风、暴雨（雪）、寒潮、大风（沙尘暴）、低温、高温、干旱、雷电、冰雹、霜冻和大雾等所造成的灾害。

水旱灾害、地质灾害、海洋灾害、森林草原火灾等因气象因素引发的衍生、次生灾害的防御工作，适用有关法律、行政法规的规定。

第三条 气象灾害防御工作实行以人为本、科学防御、部门联动、社会参与的原则。

第四条 县级以上人民政府应当加强对气象灾害防御工作的组织、领导和协调，将气象灾害的防御纳入本级国民经济和社会发展规划，所需经费纳入本级财政预算。

第五条 国务院气象主管机构和国务院有关部门应当按照职责分工，共同做好全国气象灾害防御工作。

地方各级气象主管机构和县级以上地方人民政府有关部门应当按照职责分工，共同做好本行政区域的气象灾害防御工作。

第六条 气象灾害防御工作涉及两个以上行政区域的，有关地方人民政府、有关部门应当建立联防制度，加强信息沟通和监督检查。

第七条 地方各级人民政府、有关部门应当采取多种形式，向社会宣传普及气象灾害防御知识，提高公众的防灾减灾意识和能力。

学校应当把气象灾害防御知识纳入有关课程和课外教育内容，培养和提高学生的气象灾害防范意识和自救互救能力。教育、气象等部门应当对学校开展的气象灾害防御教育进行指导和监督。

第八条　国家鼓励开展气象灾害防御的科学技术研究，支持气象灾害防御先进技术的推广和应用，加强国际合作与交流，提高气象灾害防御的科技水平。

第九条　公民、法人和其他组织有义务参与气象灾害防御工作，在气象灾害发生后开展自救互救。

对在气象灾害防御工作中做出突出贡献的组织和个人，按照国家有关规定给予表彰和奖励。

第二章　预　防

第十条　县级以上地方人民政府应当组织气象等有关部门对本行政区域内发生的气象灾害的种类、次数、强度和造成的损失等情况开展气象灾害普查，建立气象灾害数据库，按照气象灾害的种类进行气象灾害风险评估，并根据气象灾害分布情况和气象灾害风险评估结果，划定气象灾害风险区域。

第十一条　国务院气象主管机构应当会同国务院有关部门，根据气象灾害风险评估结果和气象灾害风险区域，编制国家气象灾害防御规划，报国务院批准后组织实施。

县级以上地方人民政府应当组织有关部门，根据上一级人民政府的气象灾害防御规划，结合本地气象灾害特点，编制本行政区域的气象灾害防御规划。

第十二条　气象灾害防御规划应当包括气象灾害发生发展规律和现状、防御原则和目标、易发区和易发时段、防御设施建设和管理以及防御措施等内容。

第十三条　国务院有关部门和县级以上地方人民政府应当按照气象灾害防御规划，加强气象灾害防御设施建设，做好气象灾害防御工作。

第十四条　国务院有关部门制定电力、通信等基础设施的工程建设标准，应当考虑气象灾害的影响。

第十五条 国务院气象主管机构应当会同国务院有关部门，根据气象灾害防御需要，编制国家气象灾害应急预案，报国务院批准。

县级以上地方人民政府、有关部门应当根据气象灾害防御规划，结合本地气象灾害的特点和可能造成的危害，组织制定本行政区域的气象灾害应急预案，报上一级人民政府、有关部门备案。

第十六条 气象灾害应急预案应当包括应急预案启动标准、应急组织指挥体系与职责、预防与预警机制、应急处置措施和保障措施等内容。

第十七条 地方各级人民政府应当根据本地气象灾害特点，组织开展气象灾害应急演练，提高应急救援能力。居民委员会、村民委员会、企业事业单位应当协助本地人民政府做好气象灾害防御知识的宣传和气象灾害应急演练工作。

第十八条 大风（沙尘暴）、龙卷风多发区域的地方各级人民政府、有关部门应当加强防护林和紧急避难场所等建设，并定期组织开展建（构）筑物防风避险的监督检查。

台风多发区域的地方各级人民政府、有关部门应当加强海塘、堤防、避风港、防护林、避风锚地、紧急避难场所等建设，并根据台风情况做好人员转移等准备工作。

第十九条 地方各级人民政府、有关部门和单位应当根据本地降雨情况，定期组织开展各种排水设施检查，及时疏通河道和排水管网，加固病险水库，加强对地质灾害易发区和堤防等重要险段的巡查。

第二十条 地方各级人民政府、有关部门和单位应当根据本地降雪、冰冻发生情况，加强电力、通信线路的巡查，做好交通疏导、积雪（冰）清除、线路维护等准备工作。

有关单位和个人应当根据本地降雪情况，做好危旧房屋加固、粮草储备、牲畜转移等准备工作。

第二十一条 地方各级人民政府、有关部门和单位应当在高温来临前做好供电、供水和防暑医药供应的准备工作，并合理调整工作时间。

第二十二条 大雾、霾多发区域的地方各级人民政府、有关部门和单位应当加强对机场、港口、高速公路、航道、渔场等重要场所和交通要道的大雾、霾的监测设施建设，做好交通疏导、调度和防护等准备工作。

第二十三条 各类建(构)筑物、场所和设施安装雷电防护装置应当符合国家有关防雷标准的规定。

对新建、改建、扩建建(构)筑物设计文件进行审查，应当就雷电防护装置的设计征求气象主管机构的意见；对新建、改建、扩建建(构)筑物进行竣工验收，应当同时验收雷电防护装置并有气象主管机构参加。雷电易发区内的矿区、旅游景点或者投入使用的建(构)筑物、设施需要单独安装雷电防护装置的，雷电防护装置的设计审核和竣工验收由县级以上地方气象主管机构负责。

第二十四条 专门从事雷电防护装置设计、施工、检测的单位应当具备下列条件，取得国务院气象主管机构或者省、自治区、直辖市气象主管机构颁发的资质证：

(一)有法人资格；

(二)有固定的办公场所和必要的设备、设施；

(三)有相应的专业技术人员；

(四)有完备的技术和质量管理制度；

(五)国务院气象主管机构规定的其他条件。

从事电力、通信雷电防护装置检测的单位的资质证由国务院气象主管机构和国务院电力或者国务院通信主管部门共同颁发。依法取得建设工程设计、施工资质的单位，可以在核准的资质范围内从事建设工程雷电防护装置的设计、施工。

第二十五条 地方各级人民政府、有关部门应当根据本地气象灾害发生情况，加强农村地区气象灾害预防、监测、信息传播等基础设施建设，采取综合措施，做好农村气象灾害防御工作。

第二十六条 各级气象主管机构应当在本级人民政府的领导和协调下，根据实际情况组织开展人工影响天气工作，减轻气象灾害的影响。

第二十七条 县级以上人民政府有关部门在国家重大建设工程、重大区域性经济开发项目和大型太阳能、风能等气候资源开发利用项目以及城乡规划编制中，应当统筹考虑气候可行性和气象灾害的风险性，避免、减轻气象灾害的影响。

第三章 监测、预报和预警

第二十八条 县级以上地方人民政府应当根据气象灾害防御的需要，建设应急移动气象灾害监测设施，健全应急监测队伍，完善气象灾害监测体系。

县级以上人民政府应当整合完善气象灾害监测信息网络，实现信息资源共享。

第二十九条 各级气象主管机构及其所属的气象台站应当完善灾害性天气的预报系统，提高灾害性天气预报、警报的准确率和时效性。

各级气象主管机构所属的气象台站、其他有关部门所属的气象台站和与灾害性天气监测、预报有关的单位应当根据气象灾害防御的需要，按照职责开展灾害性天气的监测工作，并及时向气象主管机构和有关灾害防御、救助部门提供雨情、水情、风情、旱情等监测信息。

各级气象主管机构应当根据气象灾害防御的需要组织开展跨地区、跨部门的气象灾害联合监测，并将人口密集区、农业主产区、地质灾害易发区域、重要江河流域、森林、草原、渔场作为气象灾害监测的重点区域。

第三十条 各级气象主管机构所属的气象台站应当按照职责向社会统一发布灾害性天气警报和气象灾害预警信号，并及时向有关灾害防御、救助部门通报；其他组织和个人不得向社会发布灾害性天气警报和气象灾害预警信号。

气象灾害预警信号的种类和级别，由国务院气象主管机构规定。

第三十一条 广播、电视、报纸、电信等媒体应当及时向社会播发或者刊登当地气象主管机构所属的气象台站提供的适时灾害性天气警报、气象灾害预警信号，并根据当地气象台站的要求及时增播、插播或者刊登。

第三十二条 县级以上地方人民政府应当建立和完善气象灾害预警信息发布系统，并根据气象灾害防御的需要，在交通枢纽、公共活动场所等人口密集区域和气象灾害易发区域建立灾害性天气警报、气象灾害预警信号接收和播发设施，并保证设施的正常运转。

乡（镇）人民政府、街道办事处应当确定人员，协助气象主管机构、民政部门开展气象灾害防御知识宣传、应急联络、信息传递、灾害报告和灾情调查等工作。

第三十三条　各级气象主管机构应当做好太阳风暴、地球空间暴等空间天气灾害的监测、预报和预警工作。

第四章　应急处置

第三十四条　各级气象主管机构所属的气象台站应当及时向本级人民政府和有关部门报告灾害性天气预报、警报情况和气象灾害预警信息。

县级以上地方人民政府、有关部门应当根据灾害性天气警报、气象灾害预警信号和气象灾害应急预案启动标准，及时作出启动相应应急预案的决定，向社会公布，并报告上一级人民政府；必要时，可以越级上报，并向当地驻军和可能受到危害的毗邻地区的人民政府通报。

发生跨省、自治区、直辖市大范围的气象灾害，并造成较大危害时，由国务院决定启动国家气象灾害应急预案。

第三十五条　县级以上地方人民政府应当根据灾害性天气影响范围、强度，将可能造成人员伤亡或者重大财产损失的区域临时确定为气象灾害危险区，并及时予以公告。

第三十六条　县级以上地方人民政府、有关部门应当根据气象灾害发生情况，依照《中华人民共和国突发事件应对法》的规定及时采取应急处置措施；情况紧急时，及时动员、组织受到灾害威胁的人员转移、疏散，开展自救互救。

对当地人民政府、有关部门采取的气象灾害应急处置措施，任何单位和个人应当配合实施，不得妨碍气象灾害救助活动。

第三十七条　气象灾害应急预案启动后，各级气象主管机构应当组织所属的气象台站加强对气象灾害的监测和评估，启用应急移动气象灾害监测设施，开展现场气象服务，及时向本级人民政府、有关部门报告灾害性天气实况、变化趋势和评估结果，为本级人民政府组织防御气象灾害提供决策依据。

第三十八条 县级以上人民政府有关部门应当按照各自职责，做好相应的应急工作。

民政部门应当设置避难场所和救济物资供应点，开展受灾群众救助工作，并按照规定职责核查灾情、发布灾情信息。

卫生主管部门应当组织医疗救治、卫生防疫等卫生应急工作。

交通运输、铁路等部门应当优先运送救灾物资、设备、药物、食品，及时抢修被毁的道路交通设施。

住房城乡建设部门应当保障供水、供气、供热等市政公用设施的安全运行。

电力、通信主管部门应当组织做好电力、通信应急保障工作。

国土资源部门应当组织开展地质灾害监测、预防工作。

农业主管部门应当组织开展农业抗灾救灾和农业生产技术指导工作。

水利主管部门应当统筹协调主要河流、水库的水量调度，组织开展防汛抗旱工作。

公安部门应当负责灾区的社会治安和道路交通秩序维护工作，协助组织灾区群众进行紧急转移。

第三十九条 气象、水利、国土资源、农业、林业、海洋等部门应当根据气象灾害发生的情况，加强对气象因素引发的衍生、次生灾害的联合监测，并根据相应的应急预案，做好各项应急处置工作。

第四十条 广播、电视、报纸、电信等媒体应当及时、准确地向社会传播气象灾害的发生、发展和应急处置情况。

第四十一条 县级以上人民政府及其有关部门应当根据气象主管机构提供的灾害性天气发生、发展趋势信息以及灾情发展情况，按照有关规定适时调整气象灾害级别或者作出解除气象灾害应急措施的决定。

第四十二条 气象灾害应急处置工作结束后，地方各级人民政府应当组织有关部门对气象灾害造成的损失进行调查，制定恢复重建计划，并向上一级人民政府报告。

第五章　法律责任

第四十三条　违反本条例规定，地方各级人民政府、各级气象主管机构和其他有关部及其工作人员，有下列行为之一的，由其上级机关或者监察机关责令改正；情节严重的，对直接负责的主管人员和其他直接责任人员依法给予处分；构成犯罪的，依法追究刑事责任：

（一）未按照规定编制气象灾害防御规划或者气象灾害应急预案的；

（二）未按照规定采取气象灾害预防措施的；

（三）向不符合条件的单位颁发雷电防护装置设计、施工、检测资质证的；

（四）隐瞒、谎报或者由于玩忽职守导致重大漏报、错报灾害性天气警报、气象灾害预警信号的；

（五）未及时采取气象灾害应急措施的；

（六）不依法履行职责的其他行为。

第四十四条　违反本条例规定，有下列行为之一的，由县级以上地方人民政府或者有关部门责令改正；构成违反治安管理行为的，由公安机关依法给予处罚；构成犯罪的，依法追究刑事责任：

（一）未按照规定采取气象灾害预防措施的；

（二）不服从所在地人民政府及其有关部门发布的气象灾害应急处置决定、命令，或者不配合实施其依法采取的气象灾害应急措施的。

第四十五条　违反本条例规定，有下列行为之一的，由县级以上气象主管机构或者其他有关部门按照权限责令停止违法行为，处5万元以上10万元以下的罚款；有违法所得的，没收违法所得；给他人造成损失的，依法承担赔偿责任：

（一）无资质或者超越资质许可范围从事雷电防护装置设计、施工、检测的；

（二）在雷电防护装置设计、施工、检测中弄虚作假的。

第四十六条　违反本条例规定，有下列行为之一的，由县级以上气象主管机构责令改正，给予警告，可以处5万元以下的罚款；构成违反治安管理行为的，由公安机关依法给予处罚：

（一）擅自向社会发布灾害性天气警报、气象灾害预警信号的；

（二）广播、电视、报纸、电信等媒体未按照要求播发、刊登灾害性天气警报和气象灾害预警信号的；

（三）传播虚假的或者通过非法渠道获取的灾害性天气信息和气象灾害灾情的。

第六章　附　则

第四十七条　中国人民解放军的气象灾害防御活动，按照中央军事委员会的规定执行。

第四十八条　本条例自2010年4月1日起施行。

附录 4　国务院办公厅关于进一步加强气象灾害防御工作的意见

（国办发〔2007〕49 号）

我国是世界上气象灾害最严重的国家之一。台风、暴雨（雪）、雷电、干旱、大风、冰雹、大雾、霾、沙尘暴、高温热浪、低温冻害等灾害时有发生，由气象灾害引发的滑坡、泥石流、山洪以及海洋灾害、生物灾害、森林草原火灾等也相当严重，对经济社会发展、人民群众生活以及生态环境造成较大影响。近年来，全球气候持续变暖，各类极端天气事件更加频繁，造成的损失和影响不断加重，为进一步做好气象灾害防范应对工作，最大程度减轻灾害损失，确保人民群众生命财产安全，经国务院同意，现提出如下意见：

一、加强气象灾害防御工作的总体要求

坚持以人为本、预防为主、防治结合的方针，依靠科技、依靠法制、依靠群众，统筹规划、分类指导，制订和实施气象灾害防御规划，加快国家与地方各级防灾减灾体系建设，强化防灾减灾基础，切实增强对各类气象灾害监测预警、综合防御、应急处置和救助能力，提高全社会防灾减灾水平，促进经济社会健康协调可持续发展。

二、大力提高气象灾害监测预警水平

（一）加强气象灾害综合监测系统建设。各有关部门要按照职责分工进一步完善国家与地方综合气象监测网络，加快新一代天气雷达系统、气象卫星工程和气象监测与灾害预警工程建设，建立完善雷电、酸雨、臭氧、大气成分、土壤墒情等专业观测网，加密自动气象观测网站，形成地面、高空、空间相结合的监测体系，提高对气象灾害及其次生衍生灾害的综合监测能力。气象部门要组织跨地区、跨部门联合监测，特别要做好农村、沿海、重要江河流域、森林草原、地质灾害易发区域的气象灾害监测工作。

（二）加强气象灾害预测预报。建立和完善国家、省、市、县四级气象灾害预测预报体系，建设分灾种气象灾害预报业务系统，完善新一代可视化、人机交互气象灾害预报预警平台，提高重大气象灾害预报的准确率和时效性。加强对灾害性天气事件的会商分析，做好灾害性、关键性、转折性重大天气预报和趋势预测，重点加强台风、暴雨（雪）、大雾等灾害及其影响的中短期精细化预报和雷电、龙卷风、冰雹等强对流天气的短时临近预报，实现对各种灾害性天气气候事件的实时动态诊断分析、风险分析和预警预测。

（三）及时发布气象灾害预警信息。抓紧国家突发公共事件预警信息发布系统的建设，拓展气象预报信息发布系统功能，增加信息发布内容，建设针对不同群体的发布接收子系统。完善和扩充气象频道、气象手机短信预警发布系统、数字卫星广播系统和专业信息网站功能，与社会公共媒体、有关部门和行业内部信息发布渠道相结合，及时发布台风、暴雨（雪）、大雾等各类气象灾害预报预警信号及简明的防灾避灾办法。在学校、医院、车站、码头、体育场馆等人员密集场所设立或利用现有电子显示屏、公众广播、警报器等设施接收和发布气象灾害预警信息，扩大预警信息覆盖面。加强对公路、铁路、水运、航空等行业和领域的气象灾害预警服务，充分利用各种渠道，加快农村乡镇自动气象站和气象信息进村入户工程建设，完善海洋气象广播系统，进一步畅通农村、牧区、山区、海上等预警信息发布渠道。

三、切实增强气象灾害应急处置能力

（一）制订和完善气象灾害应急预案。地方各级人民政府要组织有关部门按照《国家突发公共事件总体应急预案》要求，制订和完善气象灾害应急预案，明确各灾种的应对措施和处置程序，并针对气象灾害可能引发的次生衍生灾害，进一步完善相关应急预案。要加强预案的动态管理，经常性地开展预案演练，特别要加强大中型城市、人口密集地区、重点保护部位和边远山区的气象灾害预案演练，促进各单位的协调配合和职责落实。

（二）积极开展人工影响天气作业。各级气象部门要在干旱缺水地区积极开展人工增雨（雪）作业，努力缓解城乡生活、工农业生产、生态环境保护用水紧张状况；在做好传统农业防雹工作的同时，适应农村产业结构调整，进一步完善防雹作业布局，加强人工防雹工作，减轻雹灾对农作物和农业设施的损害。要充分利用有利的天气条件，对森林草原火灾、污染物扩散、环境污染事件等重大突发公共事件开展人工影响天气应急作业。

（三）加强气象灾害应急救援队伍建设。进一步加强人工增雨、防雹、防雷、防汛抗旱、灾害救助等各类气象灾害防范应对专业队伍和专家队伍建设，改善技术装备，提高队伍素质，不断增强应对各类气象灾害的能力。学校、医院、车站、码头、体育场馆等公共场所要明确气象灾害应急联系人，定期开展相关知识和技能培训，确保能够及时准确地接收和传达气象灾害预警信息，组织采取应急处置措施。要积极创造条件，逐步设立乡村气象灾害义务信息员，及时传递预警信息，帮助群众做好防灾避灾工作。要研究制订动员和鼓励志愿者参与气象灾害应急救援的办法，进一步加强志愿者队伍建设。

（四）切实增强气象灾害抗灾救灾能力。灾害性天气警报和气象灾害预警信号发布后，各地区、各有关部门要及时分析对本地区、本领域的影响，并根据具体情况启动相关应急预案，积极采取有效措施。要高度重视气象灾害引发的山洪、滑坡、泥石流等次生衍生灾害的防范应对工作，加强查险排险，及时组织受威胁群众转移避险。要认真落实减灾救灾各项措施，全力做好气象灾害救助、恢复生产和重建家园工作，确保灾区生产生活秩序稳定。加快灾害保险和再保险等相关政策的研究和制定，充分发挥金融保险行业在灾害救助和恢复重建工作中的作用。

四、全面做好气象灾害防范工作

（一）积极开展气象灾害普查和隐患排查。地方各级人民政府要按照国家防灾减灾有关规划和要求，统筹考虑当地自然灾害特点，组织有关部门认真开展气象灾害风险普查工作，全面调查收集本行政区域历史上发生气象灾害的种类、频次、强度、造成的损失以及可能引发气象灾害及次生衍生灾害的因素等，建立气象灾害风险数据库。加强灾害分析评估，根据灾害分布情况、易发区域、主要致灾因子等逐步建立气象灾害风险区划，有针对性地制订和完善防灾减灾措施。同时，要认真组织开展气象灾害隐患排查，深入查找抗灾减灾工程设施、技术装备、物资储备、组织体系、抢险队伍等方面存在的隐患和薄弱环节，特别要加强对学校、医院、敬老院、监狱及其他公共场所、人群密集场所的隐患排查，制订整改计划，落实整改责任和措施。

（二）不断强化气象灾害防灾减灾基础。各地区、各有关部门要结合实际积极开展海堤、水库、防风林、城市排水设施、避风港口、紧急避难场所等应急基础设施的建设和完善，及时疏通河道，抓紧进行病险水库、堤防和海塘等重要险段的除险加固，保证工程设施防灾抗灾作用的有效发挥。要按照国家规定的防雷标准和设计、施工规范，在各类建筑物、设施和场所安装防雷装置，并加强定期检测。针对台风、风暴潮、沙尘暴等灾害强度增加、损失加重的实际情况，科学制订防风、防浪、防沙工程建设标准，切实提高气象灾害的综合防御能力。

（三）积极开展气候可行性论证工作。各级气象主管机构要依法开展对城市规划、重大基础设施建设、公共工程建设、重点领域或区域发展建设规划的气候可行性论证。有关部门在规划编制和项目立项中要统筹考虑气候可行性和气象灾害的风险性，避免和减少气象灾害、气候变化对重要设施和工程项目的影响。

（四）抓紧制订和实施国家气象灾害防御规划。县级以上人民政府要组织有关部门结合当地气象灾害特点，依据有关法律法规及国民经济和社会发展第十一个五年规划纲要，编制实施气象灾害防御规划，明确气象灾害防范应对工作的主要任务和措施，优化、整合各类资源，统筹规划防范气象灾害的应急基础工程建设。

五、进一步完善气象灾害防御保障体系

（一）加强气象灾害科技支撑能力建设。加快国家气象科技创新体系建设，切实加强气象灾害发生机理、预报和防御等科学技术研究，大力发展数值天气预报模式和气候系统模式，着力提升气象灾害监测和预报技术的自主创新能力。要深入开展气候变暖及其引发的极端天气气候事件对水资源、粮食生产、生态环境等的影响评估和应对措施研究。要加强气象防灾减灾国际交流与合作，学习借鉴世界各国防灾减灾成功经验和先进理念，不断增强我国防御气象灾害的能力。

（二）加强气象灾害相关法规和标准建设。要加快完善与气象灾害防御工作相关的法规以及实施细则和制度，健全国家、行业、地方气象灾害以及防御技术标准和规范，促进气象灾害防御工作的规范化管理。

（三）加大气象防灾减灾资金投入力度。要发挥中央和地方以及社会等多方面积极性，建立和完善气象灾害防御投入机制，进一步加大对气象灾害监测预警、信息发布、应急指挥、灾害救助及防灾减灾工程等重大项目、基础科学研究等方面的投入。

六、加强气象灾害防御工作的组织领导和宣传教育

（一）全面落实气象灾害防灾减灾责任制。各地区、各有关部门要高度重视气象灾害防御工作，建立和完善气象灾害应急处置责任制，切实加强领导和组织协调。有关领导干部要深入一线，开展调查研究，组织研究解决防灾减灾工作中的突出问题。各级人民政府要进一步健全防灾减灾工作协调机制，形成政府组织领导、部门协作配合、全社会共同参与防范应对气象灾害的格局。

（二）进一步加强各有关部门的协调联动。气象部门要根据天气气候变化情况及防灾减灾工作需要，及时向各有关地区和部门提供气象灾害监测、预报、预警信息；各有关部门所属气象台站和气象灾害监测预报单位，要按规定及时向气象部门提供监测预报气象灾害所需要的气象探测信息和有关水情、风暴潮、灾情等监测信息。各级减灾协调机构要认真履行气象灾害防御的综合协调职责，进一步完善气象、公安、民政、国土资源、建设、铁道、交通、信息产业、水利、农业、卫生、环保、民航、安全监管、林业、旅游、海洋等各有关部门互联互通的灾害信息共享机制，加强灾害应对工作的协调联动，形成防灾减灾工作合力。

（三）努力提高全社会对气象灾害的防范意识。要加大气象科普和防灾减灾知识宣传力度，深入普及气象防灾减灾知识。充分发挥社会力量，利用气象、教育、新闻等资源，建设气象科普教育基地，加强全社会尤其是对农民、中小学生的防灾减灾科学知识和技能的宣传教育。将气象灾害防御知识纳入国民教育体系，提高全社会气象防灾减灾意识和公众自救互救能力。要加强社会舆论引导，及时开展气象灾害分析评估，做好相关科学解释和说明工作，增强公众抗御各类气象灾害的信心。

二〇〇七年七月五日

附录5 防雷减灾管理办法

（中国气象局令 第8号）

第一章 总 则

第一条 为了加强雷电灾害防御工作，保护国家利益和人民生命财产安全，维护公共安全，促进经济建设和社会发展，依据《中华人民共和国气象法》、《中华人民共和国行政许可法》等法律、法规的有关规定，制定本办法。

第二条 在中华人民共和国领域和中华人民共和国管辖的其他海域内从事防雷减灾活动的组织和个人，应当遵守本办法。

本办法所称防雷减灾，是指防御和减轻雷电灾害的活动，包括雷电和雷电灾害的研究、监测、预警、防护以及雷电灾害的调查、鉴定和评估等。

第三条 防雷减灾工作，实行安全第一、预防为主、防治结合的原则。

第四条 国务院气象主管机构负责组织管理和指导全国防雷减灾工作。

地方各级气象主管机构在上级气象主管机构和本级人民政府的领导下，负责组织管理本行政区域内的防雷减灾工作。

国务院其他有关部门和地方各级人民政府其他有关部门应当按照职责做好本部门和本单位的防雷减灾工作，并接受同级气象主管机构的监督管理。

第五条 国家鼓励和支持防雷减灾的科学技术研究和开发，推广应用防雷科技研究成果，加强防雷标准化工作，提高防雷技术水平，开展防雷减灾科普宣传，增强全民防雷减灾意识。

第六条 外国组织和个人在中华人民共和国领域和中华人民共和国管辖的其他海域从事防雷减灾活动，应当经国务院气象主管机构会同有关部门批准，并在当地省级气象主管机构备案，接受当地省级气象主管机构的监督管理。

第二章　监测与预警

第七条　国务院气象主管机构应当组织有关部门按照合理布局、信息共享、有效利用的原则，规划全国雷电监测网，避免重复建设。

地方各级气象主管机构应当组织本行政区域内的雷电监测网建设，以防御雷电灾害。

第八条　各级气象主管机构应当加强雷电灾害预警系统的建设工作，提高雷电灾害预警和防雷减灾服务能力。

第九条　各级气象主管机构所属气象台站应当开展雷电监测，有条件的地方开展雷电预报，并及时向社会发布。

第十条　各级气象主管机构应当组织有关部门加强对雷电和雷电灾害的发生机理等基础理论和防御技术等应用理论的研究，并加强对防雷减灾技术和雷电监测、预警系统的研究和开发。

第三章　防雷工程

第十一条　新建、扩建、改建的建(构)筑物和其他设施安装的雷电灾害防护装置(以下简称防雷装置)，应当符合国务院气象主管机构规定的使用要求，并由具有相应防雷工程专业设计或者施工资质的单位承担设计或者施工。

本办法所称防雷装置，是指接闪器、引下线、接地装置、电涌保护器及其他连接导体的总称。

第十二条　防雷工程专业设计和施工实行资质认定制度。

防雷工程专业设计或者施工资质分为甲、乙、丙三级，并实行分级管理。甲级资质由国务院气象主管机构认定；乙级和丙级资质由省、自治区、直辖市气象主管机构认定。

第十三条　防雷工程专业设计或者施工单位，应当按照有关规定取得相应的资质证书后，方可在其资质等级许可的范围内从事防雷工程专业设计或者施工。具体办法由国务院气象主管机构另行制定。

第十四条 防雷工程专业设计或者施工单位，应当按照相应的资质等级从事防雷工程专业设计或者施工。禁止无证或者超出资质等级承担防雷工程专业设计或者施工。

第十五条 防雷装置的设计实行审核制度。

县级以上地方气象主管机构按照有关规定负责本行政区域内的防雷装置的设计审核。审核合格的设计方案，由负责审核的气象主管机构出具核准证明；不合格的，负责审核的气象主管机构作出不予核准的决定，书面告知理由。未经审核或者审核不合格的设计方案，不得交付施工。

第十六条 防雷工程的施工单位应当按照审核同意的设计方案进行施工，并接受当地气象主管机构监督管理。

在施工中变更和修改设计方案的，应当按照原申请程序重新申请审核。

第十七条 防雷装置实行竣工验收制度。

县级以上地方气象主管机构按照有关规定负责本行政区域内新建、扩建、改建的建（构）筑物和其他设施的防雷装置的竣工验收。

负责验收的气象主管机构接到申请后，应当根据具有相应资质的防雷检测单位出具的检测报告进行核实。验收合格的，由气象主管机构出具合格证书。验收不合格的，负责验收的气象主管机构作出不予核准的决定，书面告知理由。未取得合格证书的，不得投入使用。

第十八条 出具检测报告的防雷检测单位，应当对隐蔽工程进行逐项检测，并对检测结果负责。检测报告作为竣工验收的技术依据。

第四章 防雷检测

第十九条 投入使用后的防雷装置实行定期检测制度。防雷装置检测应当每年一次，对爆炸危险环境场所的防雷装置应当每半年检测一次。

第二十条 对从事防雷检测的单位实行资质认定制度。省、自治区、直辖市气象主管机构负责本行政区域内的防雷检测单位的资质认定。具体办法由省、自治区、直辖市气象主管机构另行制定。

第二十一条　具有防雷检测资质的单位对防雷装置检测后，应当出具检测报告。不合格的，提出整改意见。被检测单位拒不整改或者整改不合格的，由当地气象主管机构责令其限期整改。

防雷检测单位必须执行国家有关标准和规范，保证防雷检测报告的真实性、科学性、公正性。

第二十二条　防雷装置所有者应当指定专人负责，做好防雷装置的日常维护工作。发现防雷装置存在隐患时，应当及时采取措施进行处理。

第二十三条　已安装防雷装置的单位或者个人应当主动申报年度检测，并接受当地气象主管机构和当地人民政府安全生产管理部门的管理和监督检查。

第五章　雷电灾害调查、鉴定和评估

第二十四条　各级气象主管机构负责组织雷电灾害调查、鉴定和评估工作。

其他有关部门和单位应当配合当地气象主管机构做好雷电灾害调查、鉴定和评估工作。

第二十五条　遭受雷电灾害的组织和个人，应当及时向当地气象主管机构报告，并协助当地气象主管机构对雷电灾害进行调查与鉴定。

第二十六条　地方各级气象主管机构应当及时向当地人民政府和上级气象主管机构上报本行政区域内的重大雷电灾情和年度雷电灾害情况。

第二十七条　各级气象主管机构应当组织对本行政区域内的大型建设工程、重点工程、爆炸危险环境等建设项目进行雷击风险评估，以确保公共安全。

第六章　防雷产品

第二十八条　防雷产品应当符合国务院气象主管机构规定的使用要求。

第二十九条　防雷产品应当通过正式鉴定，并由国务院气象主管机构授权的检验机构测试合格后投入使用。

对社会提供公正数据的防雷产品质量检验机构，应当按照国家有关规定通过计量认证或者获得资格认可。

第三十条 防雷产品的使用，应当到省、自治区、直辖市气象主管机构备案，并接受省、自治区、直辖市气象主管机构的监督检查。

第七章 罚则

第三十一条 申请单位隐瞒有关情况、提供虚假材料申请资质认定、设计审核或者竣工验收许可的，有关气象主管机构不予受理或者不予行政许可，并给予警告。申请单位在一年内不得再次申请资质认定。

第三十二条 被许可单位以欺骗、贿赂等不正当手段取得资质、通过设计审核或者竣工验收的，有关气象主管机构按照权限给予警告，可以处3万元以下罚款；已取得资质、通过设计审核或者竣工验收的，撤销其许可证书；被许可单位三年内不得再次申请资质认定；构成犯罪的，依法追究刑事责任。

第三十三条 违反本办法规定，有下列行为之一的，由县级以上气象主管机构按照权限责令改正，给予警告，可以处3万元以下罚款；给他人造成损失的，依法承担赔偿责任；构成犯罪的，依法追究刑事责任：

（一）涂改、伪造、倒卖、出租、出借、挂靠资质证书、资格证书或者许可文件的；

（二）向负责监督检查的机构隐瞒有关情况、提供虚假材料或者拒绝提供反映其活动情况的真实材料的；

（三）对重大雷电灾害事故隐瞒不报的。

第三十四条 违反本办法规定，有下列行为之一的，由县级以上气象主管机构按照权限责令改正，给予警告，可以处3万元以下罚款；给他人造成损失的，依法承担赔偿责任：

（一）不具备防雷检测、防雷工程专业设计或者施工资质，擅自从事防雷检测、防雷工程专业设计或者施工的；

（二）超出防雷工程专业设计或者施工资质等级从事防雷工程专业设计或者施工活动的；

（三）防雷装置设计未经当地气象主管机构审核或者审核未通过，擅自施工的；

（四）防雷装置未经当地气象主管机构验收或者未取得合格证书，擅自投入使用的；

（五）应当安装防雷装置而拒不安装的；

（六）使用不符合使用要求的防雷装置或者产品的；

（七）已有防雷装置，拒绝进行检测或者经检测不合格又拒不整改的。

第三十五条　违反本办法规定，导致雷击造成火灾、爆炸、人员伤亡以及国家财产重大损失的，由主管部门给予直接责任人行政处分；构成犯罪的，依法追究刑事责任。

第三十六条　防雷工作人员由于玩忽职守，导致重大雷电灾害事故的，由所在单位依法给予行政处分；致使国家利益和人民生命财产遭到重大损失，构成犯罪的，依法追究刑事责任。

第八章　附　则

第三十七条　省级气象学会负责本行政区域内防雷专业技术人员的资格认定工作。防雷专业技术人员必须通过省级气象学会组织的考试，并取得相应的资格证书。

省级气象主管机构应当对本级气象学会开展防雷专业技术人员的资格认定工作进行指导和监督。

第三十八条　本办法自 2005 年 2 月 1 日起施行。2000 年 6 月 26 日中国气象局发布的《防雷减灾管理办法》同时废止。

2004 年 12 月 16 日

附录6 山东省气象灾害防御条例

（2005年7月29日山东省第十届人民代表大会
常务委员会第十五次会议通过）

第一条 为了防御气象灾害，保障人民生命和财产安全，促进经济和社会发展，根据《中华人民共和国气象法》及有关法律、行政法规，结合本省实际，制定本条例。

第二条 本条例所称气象灾害，包括天气、气候灾害和气象次生、衍生灾害。

天气、气候灾害，是指因台风（热带风暴、强热带风暴）、暴雨（雪）、雷暴、冰雹、大风、沙尘、龙卷、大（浓）雾、高温、低温、连阴雨、冻雨、霜冻、结（积）冰、寒潮、干旱、干热风、热浪、洪涝、积涝等因素直接造成的灾害。

气象次生、衍生灾害，是指因气象因素引起的山体滑坡、泥石流、风暴潮、森林火灾、酸雨、空气污染等灾害。

第三条 在本省行政区域及管辖海域内从事气象灾害防御活动的，应当遵守本条例。

第四条 气象灾害防御工作，应当遵循预防为主、防抗结合、统筹规划、分级负责的原则。

第五条 县级以上人民政府应当加强气象灾害防御工作的领导，组织开展气象灾害防御法律法规和科技知识的宣传、普及，支持气象灾害防御的科学研究，将气象灾害防御工作纳入国民经济和社会发展计划，并将所需资金纳入本级财政预算。

第六条 县以上气象主管机构负责本行政区域内的气象工作，对天气、气候灾害的监测、预报、预警及人工影响天气作业、雷电灾害防御等工作进行指导和监督管理。

农业、水利、海洋与渔业、林业、环保、国土资源、建设、规划、民政、交通、通讯、旅游等有关部门按照职责分工做好相关的气象灾害防御工作。

第七条　县级以上人民政府应当组织气象主管机构和其他有关部门编制气象灾害防御规划。

气象灾害防御规划应当包括下列主要内容：

（一）气象灾害现状、发展趋势预测和评估；

（二）气象灾害防御的指导思想、原则和目标；

（三）气象灾害易发时段和重点防御区域；

（四）气象灾害防御的主要任务和保障措施；

（五）气象灾害防御设施的建设和管理。

第八条　县级以上人民政府应当按照气象灾害防御规划组织编制气象灾害防御方案及应急预案，并根据气象主管机构提供的气象灾害预报、警报及建议，决定公布与启动实施，各有关部门应当按照职责分工，做好应急处置工作。

气象灾害应急预案的启动和终止，应当及时向社会公布，并及时报告上一级人民政府。

第九条　编制区域、流域、海域的建设开发利用规划以及农业、林业、渔业、交通、水利、旅游、自然资源开发等规划，应当符合气象灾害防御的要求，并可以在编制过程中进行气象灾害风险性评估。

进行大、中型工程建设的，应当在可行性研究阶段进行气象灾害风险性评估。

第十条　县级以上人民政府应当加强气象灾害监测、预警、调查、评估和应急服务系统基础设施建设，根据本地区气象灾害防御工作的需要建设移动气象台，并在城镇显著位置设立气象灾害预警信号播发设施。机场、港口、车站、高速公路、水利工程、旅游景点、交通枢纽和重点工程所在地可以根据需要建设气象灾害预警信号播发设施。

任何组织和个人不得侵占、损毁或者擅自移动前款规定的气象灾害防御设施。

第十一条　县级以上人民政府应当按照法定标准划定气象探测环境保护范围，并将保护范围纳入城市规划或者村镇规划。

规划、建设行政主管部门在审批可能影响气象探测环境和设施的建设项目时，应当事先征得有审批权限的气象主管机构的同意。

任何组织和个人不得在气象探测环境保护范围内实施危害或者可能危害气象探测环境的行为。

第十二条 县级以上人民政府应当建立气象灾害联合监测机制，组织开展跨地区、跨部门的联合监测，具体工作由气象主管机构实施。

联合监测成员应当包括下列单位：

（一）各级气象主管机构所属的气象台站；

（二）其他有关部门所属的气象台站；

（三）水文、水情、森林防火观（监）测站点；

（四）其他有关单位。

第十三条 气象主管机构应当建立气象灾害信息共享平台。

气象灾害联合监测成员单位应当及时向气象灾害信息共享平台提供气象和水情、旱情、灾情等信息，实现气象灾害信息资源共享；涉及国家秘密的，应当遵守国家有关保密规定。

第十四条 天气、气候灾害的预报、警报、预警信号，应当由气象主管机构所属的气象台站按照职责向社会统一发布。气象次生、衍生灾害的预报、警报，应当由气象主管机构会同其他有关部门向社会联合发布；国家和省另有规定的，从其规定。

天气、气候实况，应当由气象主管机构所属的气象台站根据防御气象灾害和公共服务的需要，按照职责向社会统一发布。

其他任何组织和个人不得向社会发布气象灾害预报、警报、预警信号及天气、气候实况。

第十五条 各级广播、电视台站、人民政府指定的报纸、网站等媒体，应当及时播发当地气象主管机构所属的气象台站直接提供的天气、气候灾害的预报、警报、预警信号和气象主管机构与其他有关部门联合发布的气象次生、衍生灾害的预报、警报，及时增播和插播临近气象灾害预报、警报和预警信号，并明确标明发布时间和发布单位的名称。

气象主管机构所属的气象台站应当通过气象灾害预警信号播发设施，及时向社会播发气象灾害预警信号。

任何组织和个人不得向公众传播本条例第十四条第一款、第二款规定以外的组织或者个人提供的气象灾害预报、警报、预警信号及天气、气候实况。

第十六条 县级以上人民政府应当加强人工影响天气工作的领导和协调，建设人工影响天气作业体系，并根据气象主管机构所属的气象台站发布的气象灾害预警信息，组织开展人工影响天气工作。

第十七条 从事人工影响天气作业的，应当具备相应的资格，并严格遵守国务院气象主管机构规定的作业规范和操作规程。

第十八条 国家建筑物防雷设计规范规定的第一类、第二类、第三类防雷建(构)筑物及其附属设施、易燃易爆场所、计算机信息系统、广播电视系统、通信系统和其他弱电设备、易遭受雷击的设施，应当安装雷电灾害防护装置。

新建、改建、扩建建设工程项目的雷电灾害防护装置，应当与主体工程同时设计、同时施工、同时投入使用。

第十九条 从事雷电灾害防护装置设计、施工和安全检测的，应当按照国家规定取得相应的资质。严禁不具备资质或者超出资质等级从事雷电灾害防护装置设计、施工和安全检测活动。

第二十条 雷电灾害防护装置施工图设计文件应当符合国家规定的防雷技术规范和标准，并经气象主管机构审核；未经审核或者审核不合格的，不得交付施工。

从事雷电灾害防护装置施工的，应当按照审核同意的施工图设计文件进行施工。

雷电灾害防护装置竣工后，应当经气象主管机构验收；未经验收或者验收不合格的，不得投入使用。

气象主管机构应当在收到竣工验收申请之日起10日内作出验收结论。

第二十一条 雷电灾害防护装置应当符合国务院气象主管机构规定的技术要求。

销售雷电灾害防护装置的，应当到省气象主管机构或者其委托的设区的市气象主管机构备案。

第二十二条 气象主管机构应当会同有关部门加强对雷电灾害防

护装置安全检测工作的指导。

雷电灾害防护装置应当每年检测1次；易燃易爆场所的雷电灾害防护装置，应当每半年检测1次。经检测不合格的，应限期予以整改。

第二十三条 发现气象灾害的单位和个人，应当立即向当地人民政府或者气象主管机构、其他有关部门报告。气象主管机构或者其他有关部门接到气象灾害报告后，应当立即报告本级人民政府和上级主管部门，通报有关部门，并提出气象灾害防御建议。

第二十四条 重大气象灾害发生后，由灾害发生地的县级以上人民政府组织气象主管机构和其他有关部门开展灾情调查和救援工作。气象主管机构应当确定气象灾害的种类、程度及其发展趋势，并做好气象服务工作。

其他有关部门根据职责分工，做好气象灾害应急救援工作。

第二十五条 违反本条例规定，侵占、损毁或者擅自移动气象灾害防御设施，或者在气象探测环境保护范围内从事危害气象探测环境活动的，由气象主管机构按照权限责令停止违法行为，限期恢复原状或者采取其他补救措施，可以处5万元以下的罚款；造成损失的，依法承担赔偿责任；构成犯罪的，依法追究刑事责任。

第二十六条 违反本条例规定，向社会发布、传播或者拒绝与延迟按正常途径发布、传播天气、气候灾害预报、警报、预警信号及天气、气候实况的，由气象主管机构按照权限责令停止违法行为，限期消除不良影响，可以处5万元以下的罚款；造成损失的，依法承担赔偿责任；构成犯罪的，依法追究刑事责任。

第二十七条 违反本条例规定，有下列行为之一的，由气象主管机构责令限期改正，可以处3万元以下的罚款；给他人造成损失的，依法承担赔偿责任；构成犯罪的，依法追究刑事责任：

（一）应当安装雷电灾害防护装置不安装的；

（二）雷电灾害防护装置施工图设计文件未经当地气象主管机构审核或者审核不合格擅自进行施工的；

（三）雷电灾害防护装置未经当地气象主管机构验收或者验收不合格擅自投入使用的；

（四）拒绝雷电灾害防护装置检测或者检测不合格又不整改的；

（五）不具备相应资质或者超出资质等级从事雷电灾害防护装置设计、施工和安全检测的。

对验收不合格擅自投入使用的雷电灾害防护装置，由气象主管机构责令限期拆除，逾期不拆除的，由气象主管机构组织拆除，所需费用由建设单位承担。

第二十八条　气象主管机构和其他有关部门及其工作人员有下列行为之一的，对直接负责的主管人员和其他直接责任人员依法给予行政处分；构成犯罪的，依法追究刑事责任：

（一）未按照气象灾害防御方案或者气象灾害应急预案的要求采取必要措施、履行有关职责的；

（二）不及时提供防御气象灾害所需的气象和水情、旱情、灾情等信息，造成严重后果的；

（三）因玩忽职守导致重大漏报、错报气象灾害信息的；

（四）其他玩忽职守、滥用职权、徇私舞弊的行为。

第二十九条　本条例自2005年10月1日起施行。

附录7 山东省人民政府办公厅关于贯彻国办发〔2007〕49号文件进一步加强我省气象灾害防御工作的意见

（鲁政办发〔2007〕71号）

各市人民政府，各县（市、区）人民政府，省政府各部门、各直属机构，各大企业，各高等院校：

为深入贯彻落实《国务院办公厅关于进一步加强气象灾害防御工作的意见》（国办发（2007）49号），加强气象服务基础建设，提高预测预警水平，切实做好我省气象灾害防范应对工作，最大程度减轻灾害损失，保障人民群众生命财产安全和经济社会可持续发展，经省政府同意，现就进一步加强我省气象灾害防御工作提出如下意见。

一、充分认识加强气象灾害防御工作的重要性

我省地处沿海和黄河下游，是气象灾害较为严重的省份之一，平均每年因各类气象灾害及其次生衍生灾害造成的经济损失相当于全省国民生产总值的3%～6%。干旱、洪涝、台风、暴雨（雪）、雷电、冰雹、大风、大雾、霾、沙尘、高温热浪、低温冷害等灾害每年都不同程度发生，由气象灾害引发的山体滑坡等地质灾害以及海洋灾害、生物灾害、森林火灾、山洪灾害等也时有发生，对人民群众生命财产安全、经济社会发展和生态环境带来严重威胁。随着全球气候变暖，极端天气气候事件呈多发突发趋势，各类气象灾害及其次生衍生灾害产生的影响将日趋加重。进一步加强气象灾害防御工作，提高全社会防范应对气象灾害的能力和水平，是保障人民生命财产安全的迫切需要，对于构建社会主义和谐社会，促进全省经济社会科学发展、和谐发展、率先发展，实现富民强省的新跨越具有重要意义。

二、加强气象灾害防御工作的总体要求

牢固树立和落实科学发展观，坚持以人为本、预防为主、防治结合的方针，依靠科技、依靠法制、依靠群众，统筹规划、分类指导，制订和实施气象灾害防御规划，加快防灾减灾体系建设，强化防灾减灾基础，增强气象灾害监测预警、综合防御、应急处置和救助能力，提高全社会防灾减灾水平，最大限度地保护人民群众生命财产安全，促进经济社会健康协调可持续发展。

三、努力提高气象灾害监测预警水平

（一）加强气象综合监测系统建设，提高气象灾害监测能力。

各有关部门要按照职责分工，进一步完善国家与地方综合气象监测网络，建立和完善新一代天气雷达系统、卫星遥感监测系统、风廓线仪系统、水汽监测网（GPS/MET）、区域加密自动气象站网，以及雷电、大气成分、土壤墒情、生态环境等专业观测网，构建地面、高空、空间相结合的综合气象监测系统。重点加强灾害多发区、农业区、林区、渔区、沿湖、沿海、沿路等区域的灾害性天气气候监测网和半岛城市群中小尺度加密观测网建设，增加监测站点，提高监测精度。省级气象主管机构要会同有关部门加强统筹规划，合理利用资源，切实做到统一布局、共同建设，要组织跨地区、跨部门联合监测，加强资源整合和信息共享，提高对气象灾害及其次生衍生灾害的综合监测能力。特别要做好主要城市、近海、湖区、矿区、林区、主要河流、大中型水库以及灾害易发区域的气象灾害监测工作。

（二）加强气象预报预测体系建设，提高气象灾害预报预测准确率。进一步完善包括天气、气候、生态与农业气象、大气成分、雷电、人工影响天气等专业的集约化预报预测业务系统，建立健全省、市、县三级气象灾害预报预测体系。以数值预报为基础，综合应用多种探测信息和预报预测技术，提高各类气象灾害预报预测的准确率和预警时效性。重点加强短期、短时、临近天气预报系统建设，不断提高台风、暴雨（雪）、大风、雷电、冰雹、龙卷、大雾等突发灾害性天气的预报时效和精细化水平。建立健全多灾种预报预测机制，加强对气象灾害、海洋灾害、地质灾害等灾害预报的会商分析，切实做好影响我省的突发性、关键性、转折性重大天气气候事件及其次生衍生灾害的预报预测。

（三）及时发布气象灾害预警信息，进一步扩大信息覆盖面。整合社会各类资源，传统方式与现代手段相结合，加快全省突发公共事件预警信息发布系统建设。拓展全省气象业务系统和气象预报信息发布系统功能，增加信息发布内容。完善和扩充气象手机短信预警发布系统、数字卫星广播系统、专业信息网站、电子显示屏和气象灾害警报接收器等功能，建设面向城乡不同群体的预警信息发布接收子系统。强化公共气象服务体系，加快中国气象电视频道在我省的落地，做好与全省有线电视系统、政府门户网站和公共服务网站的对接；完善气象灾害预警预报发布机制，充分利用社会公共媒体、有关部门和行业内部信息发布渠道，以及在乡村、社区、企业、学校、城镇人员密集场所设立电子显示屏或悬挂规范醒目的警示标志等设施，及时接收和发布气象灾害预警信息。加强对公路、铁路、航空、内河与海上运输、海上作业、生态林业、滩涂养殖等行业和领域的气象灾害预警服务，及时准确发布暴雨(雪)、雷电、大雾、大风等灾害预警信号。高度重视对农村、山区、社会弱势群体的气象灾害预警服务工作，充分利用各种渠道及时发布气象灾害预警信息，提高气象灾害预警信息覆盖率，切实解决信息发布的“最后一公里”问题。

四、切实增强气象灾害应急处置能力

(一)制订和完善气象灾害应急预案，提升应急响应能力。各级政府要组织有关部门按照《国家突发公共事件总体应急预案》和《山东省突发公共事件总体应急预案》要求，制订和完善气象灾害应急预案及相关应急预案，进一步明确各有关部门在处置气象灾害和可能引发的次生衍生灾害工作中的职责，制定灾害预防措施和处置程序。加强预案的动态管理，及时分析和发现气象灾害应急处置中存在的问题，不断修订完善相关应急预案，切实增强预案的针对性和适用性。经常性地开展预案演练，加强针对大中型城市、人口密集地区、重点保护部位等区域的防洪抢险、防台风、防风暴潮等预案演练。特别是针对跨地区的大范围气象灾害及其次生衍生灾害，要通过开展联合演练等方式，促进相关部门的协调配合和职责落实。

(二)加强气象灾害应急队伍建设，增强灾害救助能力。进一步加强人工增雨、防雹、防雷、防汛抗旱等各类气象灾害应急专业队伍和专家队伍建设，以及海上、陆地灾难搜救队伍建设，改善技术装备，提高队伍素质，充分发挥其在气象灾害调查、风险评估、处置决策、技术培训、灾害救助中的作用。学校、医院、社区、宾馆、旅游景点、机场、车站、码头、体育场馆、大型商场等公共场所要明确气象灾害应急联系人，及时准确地接收和传达气象灾害预警信息，切实做好应急处置工作。大力发展应急志愿者队伍，建立健全社会动员和参与机制，依托群团组织、红十字会、基层社区等，建立气象灾害应急志愿者队伍，帮助群众做好防灾避灾和灾害救助工作。进一步健全乡村气象灾害义务信息员队伍，及时传递预警信息，报送气象灾情，宣传普及气象灾害防御常识。

（三）强化气象灾害应对措施，最大限度减轻气象灾害影响。大力实施气象灾害监测预警与应急工程，加快移动应急气象服务系统建设，配备先进的移动气象探测设备，建立移动应急指挥系统，增强气象灾害现场信息传输与灾害处置的指挥调度能力。灾害性天气警报和气象灾害预警信号发布后，各地区、各有关部门要及时分析对本地区、本行业的影响，适时启动相关应急预案，积极采取有效应对措施。要高度重视气象灾害引发的山洪、滑坡、泥石流等次生衍生灾害，加强主要河流、水库、湖泊的防汛抗灾工作，认真查险排险，及时组织受威胁群众转移避险。要认真落实减灾救灾各项措施，全力做好气象灾害救助工作，确保灾区生产生活秩序稳定。加强灾害保险和再保险工作，充分发挥金融保险行业在灾害救助和恢复重建中的作用。

（四）大力实施人工影响天气防灾减灾工程，积极开展人工影响天气作业。加快省级飞机人工增雨基地和鲁西北、黄河三角洲、济南南部山区、半岛丘陵地区地面人工增雨防雹作业技术示范基地建设，构建全省立体化人工增雨防雹作业体系。各级气象部门要积极组织开展人工增雨（雪）作业，为抗旱救灾、缓解水资源紧缺、保护生态环境等提供保障。要在做好传统农业防雹工作的基础上，适应农村产业结构调整，进一步完善防雹作业布局，加强人工防雹工作，减轻雹灾对农作物和农业设施的损害。要不断拓展人工影响天气工作领域，开展针对森林火灾、污染物扩散、环境污染等重大突发公共事件的人工影响天气应急作业，以及人工消雨、消雾、防霜冻等科学实验。各级政府应加强对人工影响天气工作的领导和协调，根据当地实际需求给予经费保障，确保人工影响天气工作的顺利开展。

五、全面做好气象灾害防范工作

（一）积极开展气象灾害普查，加强隐患排查和整治工作。各级政府要按照国家和省防灾减灾有关规划和要求，组织有关部门认真开展全省气象灾害风险普查工作，全面调查收集我省气象灾害的种类、频次、强度及其造成的灾害损失等，建立气象灾害风险数据库。积极开展气象灾害及其次生衍生灾害的相互关系、成因分析和灾害风险评估，做好气象灾害风险区划工作，根据各地气象灾害特点、发生发展规律和防灾抗灾能力，制定和完善具有针对性的防灾减灾措施。加强气象灾害隐患排查与整治，定期查找抗灾减灾工程设施、技术装备、物资储备、组织体系、抢险队伍等方面存在的隐患和薄弱环节，特别要加强对农村、山区、港口、学校、医院、敬老院、监狱及其他公共场所、人群密集场所的隐患排查，制订整改计划，落实整改责任和措施。

（二）加强气象灾害防御设施建设，巩固防灾减灾基础。各级、各有关部门要切实加强海堤、水库、防汛设施、城市防洪排洪设施、避风港口、紧急避难场所等防灾减灾基础设施的建设，严格按照有关建设标准保证工程质量，保证工程设施防灾抗灾作用的有效发挥。建立和完善重要基础设施、重点区域的监测监控系统，切实加强对国家战略物资储备库、重点水利设施、重大油气输送与储运设施、重要水上和陆地交通线路、重要通信枢纽等基础设施的监控，及时发现和排除险情，加强对病险水库、堤防和海塘等设施的除险加固。要按照国家规定的防雷标准和设计、施工规范，在各类建筑物、设施和场所安装防雷装置，并加强定期检测。大力推广应用海洋天气警报系统，提高海上船舶、作业平台的气象灾害预警信息接收能力，加强沿海地区防风、防浪、防风暴潮等工程建设，切实增强防御海洋气象灾害能力。

（三）积极开展气候可行性论证工作，应对气象灾害风险。各级气象主管机构要依法开展对城市规划、重大基础设施建设、公共工程建设、重点领域和区域发展建设规划的气候可行性论证。有关部门在规划编制和项目立项中要统筹考虑气候可行性和气象灾害的风险性，避免和减少气象灾害、气候变化对城市功能、重要设施和工程项目的影响。要高度重视农业、自然生态环境的气候影响评价与可行性论证，制定适应气候变化的农业生产规划，合理调整产业布局，适应和有效缓解气候变化的影响。

（四）制订实施气象灾害防御规划，提升防灾减灾综合能力。县级以上人民政府要依据有关法律法规，组织有关部门编制和实施气象灾害防御规划，明确气象灾害防范应对工作的主要任务和措施，落实责任，优化、整合各类资源，统筹规划、加快建设防范气象灾害的应急基础工程。要认真贯彻落实《国务院关于加快气象事业发展的若干意见》（国发（2006）3号）和《山东省人民政府关于贯彻落实国发（2006）3号文件加快山东气象事业发展的意见》（鲁政发（2006）52号），切实提高气象现代化水平，不断增强气象灾害综合防御能力。

六、进一步完善气象灾害防御保障体系

（一）加强科技创新，提升气象灾害防御科技支撑能力。认真落实《山东省中长期科学和技术发展规划纲要（2006—2020年）》，完善气象科技创新工作机制，加快建设省级气象灾害与海洋气象重点实验室，搭建气象科技创新平台。加强气象灾害监测、预警预报和防御、气候变化应对等科学技术研究，积极开展数值天气预报模式的引进开发与本地业务化以及数值预报产品解释应用技术研究，重点研发突发灾害性天气、海洋气象灾害的短时临近预报实用技术，发展气候变暖及其引发的极端天气气候事件对水资源、粮食生产、生态环境等的影响评估和应对措施研究，加快科技成果的业务转化和推广应用。加强气象防灾减灾科技合作与技术交流，联合攻关、优势集成，学习借鉴国内外防灾减灾的成功经验和先进理念，不断增强我省防御气象灾害的能力。

（二）加强气象灾害相关法规建设，促进防灾减灾规范化管理。加强与国家气象灾害防御法律法规相衔接的相关地方法规、政府规章的建设，并完善相关实施细则。认真落实《山东省气象灾害防御条例》，加强气象法律法规贯彻落实情况执法检查，保障相关法律法规贯彻落实到位。加快地方气象灾害防御技术标准和规范的制订，大力推进国家、行业和地方气象技术标准和规范的应用，促进气象灾害防御工作的规范化管理。各级气象部门要切实履行行政管理职能，依法管理我省涉及气象领域的各项活动，加大气象执法力度，依法保护气象探测环境、公共气象信息传播设施、气象灾害防御基础设施。各级政府要加强协调，尽快将我省各部门的气象探测设施和探测资料统一纳入国家气象观测网络布局，实现气象灾害监测网络和信息资源的有效整合与共享。

（三）加大资金投入力度，保障气象灾害防御体系建设。各级政府和有关部门要完善气象灾害防御投入机制，进一步加大资金投入力度，保证气象灾害监测预警、信息传输、预警信息发布、应急气象服务、灾害救助及防灾减灾工程等重大项目顺利实施。大力支持气象灾害防御科学技术研究和成果的推广应用。

七、加强气象灾害防御工作的组织领导和宣传教育

（一）落实气象灾害防御责任制，建立健全工作协调机制。各级、各有关部门要高度重视气象灾害防御工作，建立和完善气象灾害应急处置责任制，切实加强领导和组织协调。各级领导要深入一线，开展调查研究，组织研究解决防灾减灾工作中的突出问题。各级政府要进一步健全防灾减灾工作协调机制，形成政府组织领导、部门协作配合、全社会共同参与防范应对气象灾害的格局。

（二）加强协调联动，形成气象防灾减灾工作合力。各级气象部门要根据天气气候变化情况及防灾减灾工作需要，向当地政府和有关部门提供及时准确的气象灾害监测、预报、预警信息和科学有效的对策建议。各有关部门所属气象台站和气象灾害监测预报单位，要按规定及时向气象部门提供监测预报气象灾害所需要的相关信息。各级减灾协调机构要认真履行气象灾害防御的综合协调职责，进一步完善气象、公安、民政、国土资源、经贸、建设、铁道、交通、信息产业、水利、农业、卫生、环保、民航、安全监管、林业、旅游、海洋等各有关部门互联互通的灾害信息共享机制，加强灾害应对工作的协调联动，形成防灾减灾工作合力。

（三）加大宣传教育力度，增强全社会防御气象灾害的意识和能力。进一步加强气象科普和防灾减灾知识宣传工作，深入普及气象防灾减灾知识。充分发挥社会力量，利用广播、电视、网站、报刊等各类媒体，大力宣传普及气象灾害防御知识;加强气象科普教育基地、公共安全教育基地建设,构建公共安全电视节目播放平台,进一步加大全社会尤其是对农民、中小学生的防灾减灾科学知识和技能的宣传教育力度。将气象灾害防御知识纳入国民教育体系,在中小学开展气象灾害防御知识专题教育活动,建设气象科普学校,提高全社会的气象防灾减灾意识和公众自救、互救能力。加强社会舆论引导,及时开展气象灾害分析评估,做好灾情通报及相关科学解释和说明工作,提高公众抗御各类气象灾害的信心,增强防范和应对的针对性、有效性。

山东省人民政府办公厅

二〇〇七年九月十二日

附录8 山东省人民政府办公厅关于进一步提升气象为全省经济社会发展服务能力的意见

（鲁政办发〔2010〕41号）

各市人民政府，各县（市、区）人民政府，省政府各部门、各直属机构，各大企业，各高等院校：

为认真贯彻落实党中央、国务院关于积极应对气候变化的决策部署，进一步加强我省气象防灾减灾和应对气候变化能力建设，保障经济社会可持续发展，经省政府同意，现就进一步提升气象为全省经济社会发展服务能力提出如下意见。

一、充分认识气象为全省经济社会发展搞好服务的重要性和紧迫性

我省地处沿海和黄河下游，是气象灾害多发区和气候变化敏感区。20世纪90年代以来，全省暴雨暴雪频繁出现，寒潮大风叠加影响，旱涝灾害交替发生，频率和强度明显上升，极端天气气候事件增多增强的趋势日益明显，气象灾害的破坏力日益严重，对我省农业、水资源、海岸带和生态环境造成极大的影响。各级、各部门要充分认识应对气候变化、加强气象防灾减灾工作的重要性和紧迫性，高度重视气候变化和极端天气气候事件对我省经济社会发展带来的深刻影响，全面加强气象服务能力建设，为经济文化强省建设作出积极贡献。

二、当前和今后一个时期的总体要求和任务目标

（一）总体要求。全面贯彻党的十七大和十七届三中、四中全会精神，深入贯彻落实科学发展观，围绕省委、省政府确定的战略部署，牢固树立"公共气象、安全气象、资源气象"发展理念，坚持把提高气象服务能力和水平放在首位，坚持科技创新，强化基础建设，推进重点工程，不断增强应对气候变化能力，为经济社会可持续发展和人民安康福祉提供有力保障。

（二）任务目标。到 2015 年，初步建成适应需求、结构完善、布局合理、功能先进的气象现代化体系，灾害性天气预报准确率在现有基础上提高 5%，气象服务信息覆盖面达到 95%，公众满意率达到 90%，气象灾害造成直接经济损失占 GDP 比例下降到 2%以内，气象服务整体能力位居全国前列。

三、进一步提升服务能力建设的基础工作

（一）完善综合气候观测和通信网络系统。进一步推进我省综合气候观测网建设，建立和完善海洋与渔业、农业、交通运输以及风能、太阳能等专业气象观测网，区域气象观测站点建设达到每个乡镇至少 1 个。气候观测准确度明显提高，观测精度达到全球气候观测系统标准；大范围灾害性天气监测率达到 95%，突发灾害性天气监测率达 85%以上。建设气象应急通信系统和气候变化海量信息存储加工处理系统。整合公安、国土资源、交通运输、水利、农业、海洋与渔业、环保、林业、地震、民航、煤炭、气象等部门监测信息资源，实现应对气候变化和加强气象防灾减灾相关信息共享。

（二）提高气象预报准确率和服务水平。进一步完善短期、短时、临近天气预报系统和短期气候预测系统。灾害性天气种类、强度和落区短时预报每 3 小时发布一次；气象要素预报精细到乡镇。加快建设公共气象服务体系，建立多部门相互配合的气象灾害预警信息发布与传播系统，切实提高农村、湖区、山区、海上等偏远地区以及高危行业气象灾害预警信息的覆盖面。

（三）加强科技创新和人才培养。发挥科技在应对气候变化中的作用，加大对气候变化研究的支持和投入力度，大力加强气候变化背景下极端气候事件发生、发展规律的基础研究和人才培养，建设一批气候变化及相关领域的科技创新基地，形成一批科技创新成果，培养一批全国知名的科技人才。

四、当前和今后一个时期的重点工作

（一）为农气象服务工程。(1)健全农业气象服务体系。建立现代农业气象预报平台、气象情报服务平台和现代农业气象服务指标，开展精细化农业气候区划工作，推进农业气候资源的开发利用，服务我省农业农村发展和千亿斤粮食生产。以德州为试点，组建农业墒情自动监测网，建设农田墒情自动监测和干旱预警系统；以栖霞为试点，开展果品生产气象观测和服务工作；以青州为试点，开展“农超对接工程”气象保障示范县建设；以寿光为试点，建设设施农业气象试验站，建立影响温室蔬菜生产的灾害性天气评估系统。(2)健全农村气象灾害防御体系。开展农村防雷工程建设，重点做好农村中小学校、农村危房改造的雷电防御工作。结合农村综合信息服务站建设，建立农村公共气象信息发布和接收平台。加强基层气象灾害应急队伍建设，做到乡乡有气象协理员、村村有气象信息员。

(二)山东半岛蓝色经济区建设气象服务工程。(1)进一步提高海洋气象保障能力，坚持海陆统筹，以陆促海，建设长岛、青岛海洋气象观测基地，着力开展海上气象观测、海气交换通量观测、海上大风、海雾和风能观测，满足海洋气象灾害监测、预警、海洋风能资源开发利用和气候变化监测等需要。在全省气象系统内，建立省海洋气象预报预警中心和 4 个市级海洋气象服务分中心。建设和完善石岛海洋气象广播电台。以荣成、寿光为试点，推广使用海洋天气警报接收系统，提高海上作业保障能力。(2)面向济南都市圈和胶东半岛城市群建设，在气象系统建立和完善城市气象监测预警服务系统，服务城市发展。(3)面向胶东半岛高端产业聚集区建设，以济青高速公路为试点，沿线布设 25 个自动气象观测站，建设我省智能交通气象监测预警服务系统，并逐步推广到全省境内的高速公路，布点规模达到 300 个。

(三)黄河三角洲高效生态经济区开发气象服务工程。(1)在东营建设黄河三角洲多生态类型气候监测基地，开展湿地生态气象、农业气象、海洋气象、风能以及太阳能资源等观测。(2)建立气候资源监测与评估系统、生态环境预报预警系统、敏感区气候变化影响评估系统，开展黄河三角洲生态气候适应性及其变化、高效生态农业发展可行性监测评估，加强空中云水资源和风能、太阳能等气候资源的开发利用。

(四)水系生态建设气象服务工程。(1)加强人工影响天气工作。完善济南人工增雨保泉基地，建设东营、聊城、青岛人工增雨防雹基地。

省级常年保持两架作业飞机，全省新增火箭发射装置200部，建成规范化高炮火箭作业站点600个，每年开发空中云水资源总量提高到30亿立方米。(2)建设省气象卫星遥感监测评估中心。建立山东水系生态气象综合服务平台，对黄河三角洲生态脆弱区、胶东半岛水源涵养区和沂蒙山区水土保持区等生态区域，开展水循环、旱涝及次生地质灾害等综合监测与评估。

五、保障措施

(一)加强组织领导。各级、各有关部门要切实加强组织领导和工作指导，研究制定加强气象服务能力建设的政策措施，将应对气候变化工作纳入各级“十二五”发展规划，增强组织和实施能力。加强省级气候变化监测评估机构建设，成立气候变化专家委员会，开展气候变化定期评估并研究提出应对措施。

(二)设立应对气候变化科研专项。科技部门要将气候变化影响综合研究纳入科技发展规划和重点科技计划，针对气候变化对经济社会发展影响的突出问题，设立科研专项课题，加快适应和减缓气候变化领域重大技术研发。

(三)完善政策法规体系。推进我省应对气候变化地方立法，制定重大规划、重点工程项目气候可行性论证办法，完善气象标准体系。编制并实施我省中长期气象灾害防御规划，建立“政府领导、部门联动、社会参与”的气象灾害防御机制。各级、各有关部门要结合当地气象灾害特点，编制实施气象灾害防御规划，并纳入经济社会发展总体规划。

(四)加大资金投入。全面贯彻落实双重计划财务体制，建立健全财政投入机制，把气象防灾减灾和应对气候变化能力建设项目按规定纳入各级财政预算。积极争取中央财政支持，各级政府要落实匹配资金。对于专业专项气象服务建设项目，有关部门要落实配套建设资金。要发挥政府投资的引导作用，多渠道筹措资金。

(五)提高全社会参与应对气候变化和防灾减灾的意识。要将气候变化和气象防灾减灾科技知识、政策法规、应对措施等纳入各级行政学院培训课程。把应对气候变化和气象防灾减灾科普知识，纳入大、中、小学校的教育内容。利用图书、报刊、广播电视等大众传播媒介，开展丰富多彩的宣传活动，鼓励和倡导应对和减缓气候变化、发展低碳经济的生活方式，提高全社会气象防灾减灾和应对气候变化的能力。

山东省人民政府办公厅
2010年7月8日

附录9　山东省人民政府办公厅关于加强全省基层应急队伍建设的意见

（鲁政办发〔2010〕38号）

各市人民政府，各县（市、区）人民政府，省政府各部门、各直属机构，各大企业，各高等院校：

基层应急队伍是应急体系的重要组成部分，是防范和应对各类突发事件的重要力量。为进一步规范和加强我省基层应急队伍建设，全面提升应急能力，根据《国务院办公厅关于加强基层应急队伍建设的意见》（国办发〔2009〕59号）要求，经省政府同意，现提出如下意见：

一、基本原则和工作目标

（一）基本原则。1. 政府主导，社会参与。以政府推动建设为主，积极引导社会力量参与，坚持专业化与社会化相结合，充分发挥各部门、各单位、社会团体和志愿者队伍的作用。2. 分级负责，整合资源。按照属地为主、分级分类负责的原则，充分依托、整合现有各类应急队伍资源，形成应急合力，避免重复建设。3. 立足实际，突出重点。结合当地实际，统筹规划，突出重点，按需发展，针对常发、易发灾种确定队伍建设，先急后缓，逐步加强和完善，形成规模适度、管理规范的基层应急队伍体系。

（二）工作目标。在目前全省县级综合应急队伍基本建成的基础上，到2012年，乡镇、街道、企业、学校等基层组织和单位应急队伍普遍建立，重点领域专业应急队伍全面加强，应急管理专家队伍和志愿者队伍进一步健全，应急志愿服务进一步规范，应急救援能力基本满足本区域和重点领域突发事件应对工作需要，形成统一领导、协调有序、专兼并存、优势互补、保障有力的基层应急队伍体系。

二、加强综合应急队伍建设

（一）加强县级综合应急队伍建设。县级人民政府、有条件的园区要以公安消防队伍及其他优势专业应急队伍为依托，建立综合应急队伍，及时开展相关突发事件的应急救援工作。县级综合应急队伍除承担消防工作外，同时承担自然灾害、事故灾难、公共卫生事件和社会安全事件等各类突发事件的综合应急救援任务，并协助有关专业队伍做好水旱灾害、气象灾害、地质灾害、地震避难、森林草原防火、矿山事故、危险化学品事故、环境污染、道路抢通、水上事故、交通事故、市政保障、卫生及食品药品安全、重大动物疫情、电力应急、通信保障、特种设备、海上应急、核与辐射事故等突发事件的专项抢险救援工作。县级综合应急队伍的人数根据当地公安消防队伍的最高出勤人数确定，由当地公安消防机关负责日常培训和管理。人员确有不足的，可通过聘请相关专业人员的办法补充。各市、县(市、区)要根据本行政区域特点和需要，制订综合应急队伍建设方案，细化队伍职责，配备必要的物资装备，加强与专业队伍互动演练，提高队伍综合应急能力。

(二)加强街道(乡、镇)综合应急队伍建设。街道(乡、镇)要以机关和村居干部、民兵、预备役人员、保安员、基层警务人员、医务人员以及退伍军人等具有相关救援专业知识和经验的人员为主，组建一支不少于60人的“一专多能，一队多用”的综合应急队伍，在防范和应对气象灾害、水旱灾害、地震灾害、地质灾害、森林草原火灾、生产安全事故、环境污染、群体性事件等方面发挥就近优势，在相关应急指挥机构组织下开展先期处置，组织群众自救互救，参与抢险救灾、人员转移安置、维护社会秩序，配合专业应急救援队伍做好各项保障，协助有关方面做好善后处置、物资发放等工作。同时发挥信息员作用，发现突发事件苗头及时报告，协助做好预警信息传递、灾情收集上报、灾情评估等工作，参与有关单位组织的隐患排查整改。街道(乡、镇)综合应急队伍要纪律严明，经常开展应急培训和演练，不断提高队伍的综合素质和应急保障能力。

(三)加强基层组织(单位)综合应急队伍建设。村(居)自治组织根据当地突发事件的实际情况，有针对性地建立应急义务救援队伍，可按驻地人口3%的比例确定，总人数不得少于15人。规模以上企业都要建立不少于企业在职人数10%的专职或兼职应急队伍，其他企业建立的应急队伍人数应与本企业应急任务需要相适应。高校综合应急队伍人员不少于在校教职员工的20%和学生的8%，中小学和幼儿园综合应急队伍人员不少于在校教职员工的 30%。基层组织(单位)综合应急队伍主要承担突发事件信息报告、预警信息传递、突发事件防范、事故先期处置、事故善后配合等工作。

三、加强专业应急队伍建设

(一)加强防汛抗旱基层应急队伍建设。水旱灾害常发地区和重点流域的县、乡级人民政府,要依托水利工程管理人员、民兵、预备役人员、农技人员、村民和相关单位人员组建县、乡级防汛抗旱应急队伍。防汛抗旱重点区域和重要地段的村委会,要组织本村村民和属地相关单位人员参加,组建村级防汛抗旱队伍。已组建的基层防汛抗旱队伍要按照专业化、规范化要求,进行整合完善。基层防汛抗旱队伍要在当地防汛抗旱指挥机构的统一组织下,开展有关培训和演练,做好汛期巡堤查险、防汛物资运输、险情应急处置、人员安全转移和干旱紧急情况下应急供水等工作,做到有旱抗旱、有汛防汛。

(二)加强气象灾害基层应急队伍建设。县级气象部门要依托人工增雨、防雹、防雷等气象灾害专业技术力量,并会同民政部门组织乡镇灾害信息员、气象灾害危险区域防御责任人、村干部和相关单位人员组建县级气象灾害应急队伍。主要承担接收和传达预警信息,收集并向有关方面报告灾害性天气实况和灾情,宣传台风、强降雨、大风、沙尘暴、冰雹、雷电等各种气象灾害防范知识,参与组织群众转移和避险、气象灾害防御方案制订、应急处置和调查评估等工作。

(三)加强地质灾害基层应急队伍建设。县级国土资源部门要依托水文地质、工程地质、环境地质、岩土工程等相关领域专业技术人员、地质灾害危险点防灾责任人等组建县级地质灾害应急队伍。主要开展地质灾害应急调查评估、趋势分析,指导、参与地质灾害的群防群控,开展防范知识宣传,报告隐患和灾情信息,组织遇险人员转移,参与地质灾害抢险救灾和应急处置等工作。容易受地质灾害影响的乡村、企业、学校等基层组织单位,要明确参与应急队伍的人员及其职责,定期开展相关知识培训。

(四)加强地震基层应急队伍建设。县级地震部门要依托地震专业技术人员和公安消防等部门力量组建地震基层应急队伍。主要任务是开展地震监测会商、地震灾情上报、现场应急救援、灾害调查评估和应急避险知识宣传等工作。地震基层应急队伍要建立与当地驻军、武警部队、预备役部队以及卫生部门的协同机制，并加强区域性应急联动，提高地震应急救援协同能力。

（五）推进基层森林消防应急队伍建设。山区及森林资源密集区的县级人民政府，要以专业森林消防力量为骨干，充分发挥林业企事业单位职工、民兵、基层干部群众的作用，组建县级森林消防队伍。从事大面积森林资源培育的企业、自然保护区、森林草原风景旅游区和国有林场要组织本单位职工、社会相关人员建立森林消防力量。森林消防队伍的规模、装备配备应与林地面积的防火需要相适应。要建立基层森林消防应急队伍与公安消防、当地驻军、武警部队、预备役部队的联动机制，满足防扑火工作需要。各有关方面要加强森林扑火装备配套，开展防扑火技能培训和实战演练。

（六）加强煤矿、非煤矿山、危险化学品应急队伍建设。县级安监部门要会同经济和信息化、煤矿安全监察和煤炭部门等，依托有关企业的专业救护队，采取政府与企业共建方式，组建基层煤矿、非煤矿山、危险化学品应急救援队伍。有关企业应当依法建立由专职或兼职人员组成的应急救援队伍。不具备单独建立专业应急救援队伍的小型企业，除建立兼职应急队伍外，还应当与邻近建有专业救援队伍的企业或单位签订救援协议，或者联合建立专业应急救援队伍。应急救援队伍平时开展或协助开展风险隐患排查，发生事故时要及时组织开展抢险救援。有关部门要加强对煤矿、非煤矿山、危险化学品应急救援队伍的资质认定和监督管理。有关企业属地县、乡级人民政府要组织建立队伍调度运行机制，组织队伍参加社会化应急救援。应急救援队伍建设及演练工作经费在企业安全生产费用中列支。在煤矿、非煤矿山、危险化学品工业集中的地方，当地政府可给予适当经费补助。

（七）加强基层环境应急队伍建设。县级环境保护部门要组织环境监测、监察机构专业力量和相关单位人员组建基层环境应急队伍，主要开展环境质量监测预警，加强饮用水源地、重点污染源、辐射污染源等重点领域环境监控，开展有毒有害化学品重点危险源及污染隐患调查，参与突发环境污染事件应急处置工作等。

（八）加强道路抢通和运输保障应急队伍建设。各级交通运输管理部门要组织高速公路经营单位、公路管理部门、公路养护工程企业等组建道路抢通应急队伍。高速公路经营单位要组建本单位道路抢通应急队伍。主要承担道路紧急抢通、清障保畅等任务。要加强与公安交警、气象部门的信息沟通，提高协同处置能力。各级交通运输管理部门要依托重点客、货运输企业组建运输保障应急队伍，完善应急运输车辆储备管理机制和征用补偿机制，提高与相关部门的协同处置能力。

（九）加强水上搜救应急队伍建设。重要湖泊及内河通航水域的市、县级人民政府要结合本行政区域特点和需要，以交通港航部门为主体，会同公安、气象、海洋与渔业、卫生等部门，充分发挥专业打捞企业的作用，组建水上搜救应急队伍。在船舶、设施及其人员从事水上水下作业活动，发生或可能发生人员遇险、水域污染等突发事件时，搜寻救助遇险人员，控制、减轻水域污染等危害。

（十）加强重大道路交通事故应急处置队伍建设。各级公安部门要组织交警、消防等专业力量组建重大道路交通事故应急处置队伍，主要承担重大交通事故现场交通管制、施救被困人员、疏导交通等工作。要建立与卫生、危险化学品、道路抢通、气象、环境等专业应急队伍的信息沟通和联动机制，快速有效处置重大道路交通事故。

（十一）推进市政公用事业保障应急队伍建设。县级以下供水、排水、燃气、供热、公共交通、市容环境等主管部门和基础设施运营单位，要组织本区域有关企事业单位懂技术和有救援经验的职工，分别组建各类市政公用事业保障应急队伍，承担相关领域突发事件应急抢险救援任务。重要基础设施运营单位要组建本单位运营保障应急队伍。应急队伍规模要与本区域公用事业发展、重要基础设施规模相适应。要充分发挥设计、施工和运行维护人员在应急抢险中的作用，配备应急抢修的必要设备、运输车辆和抢险救灾物资，加强人员培训，提高安全防护、应急抢修和交通运输保障能力。市政公用事业应急队伍所需经费在企事业单位运营费用中列支，确有不足的，由当地政府给予补助。

（十二）加强基层卫生及食品药品安全应急队伍建设。县级卫生行政部门要依托现有医疗卫生机构，会同农业、质监、工商、商务、食品药品监管、出入境检验检疫部门，建立基层卫生及食品药品安全应急队伍，配备必要的医疗救治和现场处置设备，承担传染病、食物中毒和急性职业中毒、群体性不明原因疾病等突发公共卫生事件应急处置和其他突发事件受伤人员医疗救治及卫生学处理，以及相应的培训、演练任务，做好食品药品安全监测预警、调查评估等工作。城市医疗卫生机构要与县级、乡镇医疗卫生机构建立长期对口协作关系，帮助其组建基层卫生应急队伍。

（十三）加强重大动物疫情应急队伍建设。县级畜牧兽医（农业）主管部门要会同卫生、公安、工商、质监、林业等部门，建立由相关行政管理人员、动物卫生监督人员、动物疫控技术人员、有关专家、执业兽医、乡村兽医、村级防疫员等组成的重大动物疫情应急队伍，主要承担疫点、疫区、受威胁区的封锁、隔离、扑杀、销毁、消毒、无害化处理、紧急免疫接种及高风险人群监测防控等任务。

（十四）加强基层电力应急队伍建设。发电、供电和电力施工企业要组织专业技术力量组建电力应急队伍，承担电力设施运行维护、应急抢修等任务。加强专业应急装备、交通工具配备，开展技能培训和应急演练。要建立区域性的联合应急机制，提高应急保障能力。

（十五）加强应急通信保障队伍建设。各级通信管理部门要指导基础电信运营企业，依托专业力量组建基层应急通信保障队伍。电信运营企业要加强区域性应急通信合作，增强应急通信保障能力。

（十六）推进特种设备应急队伍建设。县级质监部门要充分利用现有资源，建立锅炉、压力容器、电梯、起重机械、客运索道、大型游乐设施等特种设备应急队伍，主要承担风险隐患排查，开展应急救援处置等工作。拥有重要特种设备的大型企业要建立专职或兼职的应急救援队伍，并将人员、设备情况在质监部门备案。

（十七）加强突发农业灾害应急队伍建设。县级农业、林业部门要做好突发性重大农业自然灾害、农作物病虫害和林业有害生物灾害防控应急队伍建设，加强基层农作物病虫害和林业有害生物灾害预测预警体系建设，组织农技人员、村干部组建基层突发农业灾害应急队伍，做好防治农药、药械准备和应急处置工作。

（十八）加强海上应急队伍建设。边防、海事以及海关缉私、海洋渔政、海洋救助打捞等部门，要加强协调配合，由属地市级人民政府牵头，组建指挥便捷、协调一致的海上应急队伍。负责维护辖区内海上治安，打击走私、海盗等犯罪活动，实现海上各种险情救助的快速反应。海洋石油勘探开发企业、石油运输船舶应组织企业技术员工、船员成立海上应急队伍，并购置配备特种设备，防范和处置海上溢油事件。

（十九）加强核事故与辐射事故应急队伍建设。省国防科工部门会同环保、公安、卫生等有关部门，根据核应急工作涉及的专业领域，建立若干专业能力强、机动灵活的核应急专业救援组织，配备必要应急和工程抢险设备，开展专项演练，及时处置各类核事故。各县（市、区）人民政府要根据本辖区实际，建立突发性核事故与辐射事故信息报告制度，及时报告相关信息，事故发生时及时疏散转移群众。县级环保、公安、卫生等部门要按照职责分工，配备必要的辐射应急监测、防护设备和车辆，开展辐射事故应急响应、处置、调查处理、定性定级和受伤人员医疗救治工作。

四、加强应急管理专家和志愿者队伍建设

（一）加强应急管理专家队伍建设。市、县级人民政府要建立由自然灾害、事故灾难、公共卫生、社会安全以及综合管理等领域专家学者和实践经验丰富的行政管理人员组成的应急管理专家组，积极参与各类突发事件的防范和应对，提出对策建议。各有关部门可根据需要，建立相关领域的应急专家队伍。

（二）加强应急志愿者队伍建设。要充分发挥共青团、红十字会、青年志愿者协会的作用，建立青年志愿者和红十字志愿者应急救援队伍，开展科普宣教和辅助救援工作。要充分发挥街道（乡、镇）等基层组织和企事业单位的作用，建立群防群治队伍体系，加强相关知识培训。具有应急管理职能的相关部门，要根据本领域的实际需要，发挥各自优势，组织具有相关专业知识和技能的人员建立各类志愿者队伍，协助开展应急救援工作。应急志愿者组建单位要建立志愿者信息库，并加强对志愿者的培训和管理。各级人民政府要鼓励、引导现有各类志愿者组织在工作范围内充实和加强应急志愿服务内容，支持民间组织建立自筹资金、自我管理、自我发展的应急志愿者队伍或组织，畅通社会各界力量参与应急志愿服务的渠道;要采取各种方式,积极鼓励应急志愿者队伍投身应急管理科普宣教、应急救援和恢复重建等工作。要根据当地实际,对志愿者应急队伍建设给予适当资金支持。

五、加强应急队伍建设保障工作

(一)强化组织领导。各级人民政府是推进基层应急队伍建设工作的责任主体。各级人民政府应急管理部门是本级应急队伍的组织协调机构,负责应急救援的指令传递、情况反馈工作,具体组织、协调、监督和调用应急队伍。基层各类应急队伍遵循“谁建队、谁管理”、“谁使用、谁保障”和“统一指挥、协调运行”的原则,分别由政府职能部门、军队、企事业单位、自治组织等主管部门(单位)负责建设、管理。县级人民政府要对县级综合应急队伍和专业应急队伍建设进行规划,统筹组织街道(乡、镇)综合应急队伍以及基层组织(单位)应急队伍的组建工作。各有关部门要明确推进本行业、本系统基层应急队伍建设的具体措施,加强对基层应急队伍建设的指导、督促和检查。各基层应急队伍组建后,应明确负责人,确定通信联系方式,明确值班备勤地点、工作职责及任务,实行人员动态管理。各级各类应急队伍详细情况要报本级政府应急管理办公室、上一级行业主管部门备案。

(二)完善运行机制。各基层应急队伍组成人员平时由各自单位管理,发生突发事件后,立即集结到位,在当地政府或应急现场指挥部的统一领导下,按照基层应急管理机构的安排开展应急处置工作。县、乡级人民政府及其有关部门要切实加强基层综合队伍、专业队伍和志愿者队伍之间的协调配合,建立健全相关应急预案,完善工作制度,实现信息共享和应急联动。同时,建立健全基层应急队伍与其他各类应急队伍及装备和物资统一调度、快速运送、合理调配、密切协作的工作机制,形成有效处置突发事件的合力。建立大型专用设备统筹调用征用机制,实现应急资源共享。建立应急队伍外围救援补偿机制,因实施跨区域、跨行业、跨单位抢险救灾所造成的装备、设备、器材和物资的损坏、损耗以及所付出的人力资源,由突发事件发生地政府或单位给予必要的补偿。

(三)加强培训演练。要加强各类应急队伍专业培训演练基地建设。应急队伍组建单位要充分利用现有设施,组织应急队伍的日常业务学习、教育和培训，不断提高应急队伍应对突发事件的能力。各级人民政府应急管理部门要有计划、有层次、有重点地组织各类应急队伍的主管部门负责人、指挥员以及骨干力量开展培训。要经常性地组织各类队伍开展应急演练，采用桌面推演、实战演练、跨区联合演练等方式，加强基层综合应急队伍、专业应急队伍、应急管理专家队伍和志愿者队伍之间的协调配合，建立健全相关预案和工作制度，实现信息共享和应急联动。

（四）加强经费保障。县、乡两级综合应急队伍和有关专业应急队伍建设与工作经费要纳入同级财政预算。县级人民政府财政确有困难的，由所在市的市级人民政府给予必要支持。要按照政府补助、组建单位自筹、社会捐赠相结合等方式，建立基层应急队伍经费筹集渠道。各市、县级人民政府和省政府有关部门要不断加强基层应急队伍装备建设，按相关规定和标准为基层应急队伍配置专业器械设施、设备和安全防护装备，重点配齐抢险救援特种器材，切实提升应急装备水平。

（五）完善相关政策。要认真研究解决基层应急队伍工作中的实际困难，逐步将基层应急救援人员纳入城镇基本医疗保障体系，组织基层应急救援人员参加统筹地区工伤保险，为应急救援人员购买人身意外伤害保险，落实相关抚恤政策措施。应急专用车辆设置全省统一应急标识，免交车辆通行费。临时执行重、特大突发事件应急救援任务的车辆，经省政府应急管理办公室协调省交通运输厅，免交车辆通行费，具有道路优先通行权。各级民政部门要研究完善民间应急救援组织登记管理制度，鼓励社团组织和个人参加基层应急队伍，鼓励民间力量参与应急救援。各有关部门要研究制订基层应急队伍装备标准，并配备必要的装备和通讯器材。市、县级人民政府每年要认真总结应急队伍建设工作情况，对在应急管理、应急队伍建设工作中作出突出贡献的集体和个人，按照有关规定给予表彰、奖励。选择若干县（市、区）开展基层应急队伍建设示范工作，发挥典型引导作用，探索推进基层应急队伍建设的有效途径，推动基层应急管理水平不断提高。

山东省人民政府办公厅
二〇一〇年六月三十日

附录10 山东省气象信息员管理办法

（鲁气办发〔2009〕157号）

为进一步加强我省气象信息员队伍建设（公共场所气象应急联系人、乡镇气象信息员、村气象信息员统称为气象信息员），规范气象信息员队伍管理，切实发挥气象信息员在基层气象灾害防御中的作用，最大限度避免或减轻气象灾害可能造成的损失，特制定本办法。

一、总则

（一）适用范围。

本办法适用于山东省行政区域内气象信息员的管理工作。

（二）管理权限。

在各级人民政府的统一领导下，各级气象主管机构负责本行政区域内气象信息员队伍的管理。

（三）原则目标。

1. 按照因地制宜、明确责任、择优选用、注重素质、创新机制的原则，结合气象信息服务站建设，把气象信息员队伍建设纳入地方公共服务体系中，努力形成规模、结构、质量与效益协调发展的气象信息员队伍。

2. 未来五年，力争实现在城市社区、街道、学校、车站、码头、港口、医院等公共场所设置一名气象应急联系人，在各乡镇设置一名兼职气象协理员，在每个行政村设置一名气象信息员，优先在气象灾害频发、防灾减灾任务繁重的村设置气象信息员。

二、信息员条件与信息管理

（一）人员资格。

1. 气象信息员的选用遵循本人自愿、所在地政府推荐、当地气象部门审核认可的原则，优先从基层干部、农村中小学校校长、人工影响天气作业人员、农网信息员和具有一定文化水平且热衷于公益事业的人员中选用。

2. 气象信息员应具备的基本条件包括：年龄在55岁以下，具有初中以上文化程度；遵纪守法，恪守社会道德规范，讲求诚信；热心气象防灾减灾公益事业，能自觉履行气象信息员的权利和义务；身体素质良好，具备履行职责的工作条件；熟悉当地情况，具有一定的组织协调能力。

3. 乡镇气象协理员一般由乡镇干部兼职担任，城市社区、街道、学校、车站、码头、港口、医院等公共场所气象应急联系人一般由学校、社区、医院等单位或信息机构的负责人担任，村气象信息员一般由本村村干部或村民担任。

（二）信息登记。

1. 气象信息员一经录用，需登记个人信息。当地气象部门将气象信息员个人信息录入数据库，并报上级气象部门和同级人民政府备案。同时，通过政府行为与气象信息员签订工作责任书，明确其权利和义务，统一颁发中国气象局气象信息员徽章。

2. 全省气象信息员实行统一编号，编号为AABBCDDDDE，由两位字母加八位数字组成。其中，AA代表各市局城镇报CCCC代码的后两位；BB代表信息员所在县(市、区)代码，可在00～99之间确定(由市局确定)；C代表信息员队伍类别代码，其中“1”代表公共场所气象应急联系人，“2”代表乡镇气象信息员，“3”代表村气象信息员；DDDD代表信息员编号顺序，可在0000～9999之间确定；E代表信息员变更次数，可在0～9之间确定。

三、职责任务

（一）各级气象部门负责向所管理的气象信息员下发《气象信息员工作日志》、《气象信息员工作责任卡》和《气象防灾减灾明白卡》，细化气象信息员的工作任务，保证各项任务明确、可操作性强。

（二）各级气象部门要建立面向气象信息员队伍的气象灾害预警信息发布管理办法，将气象信息员纳入到各类气象预警信息发布平台中，确保能通过手机、电话、电子显示屏、网络、DAB接收装置等及时将各类气象信息通知到当地所有气象信息员，并将发送情况记录备案。

（三）气象信息员要按照《气象信息员工作责任卡》要求，做好气象灾害预警信息的接收传递，灾害性天气实况和灾情的收集上报，参与本社区、村镇气象灾害防御方案的制订和气象灾害防御的科普宣传、应急处置和调查评估等工作。

（四）气象信息员要认真填写《气象信息员工作日志》，对所开展工作情况进行如实记录。在接到气象预警信息后，气象信息员要采取电话、大喇叭、敲锣打鼓、逐户通知等方式，第一时间将信息通知到所辖地域的每户居民，并将接收信息后采取的措施和效果记录在《气象信息员工作日志》中。

（五）遇有重大突发灾害性天气发生时，乡镇气象协理员在收到气象预警信息后要第一时间电话通知所在乡镇的村气象信息员和公共场所气象应急联系人，并将相关情况记录在《气象信息员工作日志》中。

（六）气象信息员应及时收集当地气象服务需求及合理化建议，反馈气象服务效果，并协助当地气象部门做好与气象防灾减灾有关的其他工作。

四、管理考核

（一）各级气象部门要明确气象信息员的管理人员，制定相应的气象信息员管理办法，完善气象信息员登记、备案制度。

（二）各级气象部门要建立气象信息员管理系统，加强队伍动态信息的管理。定期抽查确认气象信息员联系方式，确保沟通渠道畅通，并及时跟踪了解气象信息员队伍在防灾减灾工作中发挥作用的情况。

（三）各级气象部门要定期召开气象信息员座谈会，收集基层群众对气象服务和气象信息员队伍建设的意见，不断完善气象信息员工作机制。

（四）各市局每半年（7 月 5 日前、次年 1 月 5 日前）向省局科技减灾处上报气象信息员队伍建设和效能发挥情况总结。省局将不定期对各市局气象信息员队伍建设和效能发挥情况进行实地检查，防止虚报气象信息员队伍数量和气象信息员不作为现象的发生。

（五）省局每年年底对各市局气象信息员队伍建设情况进行考核、通报，考核结果将作为各市局本年度气象信息员管理工作目标考核参考依据。考核内容包括信息员队伍数量、培训情况、在气象灾害防御中发挥作用情况，以及省局定期检查情况。

（六）各市局气象信息员发挥作用的情况将纳入到气象服务公众满意度调查内容。

五、岗位培训

（一）各级气象部门要积极创造条件开展气象信息员培训工作。要建立岗前培训和在岗培训制度，制订科学的培训方案，采取多层次、多形式的培训方式，使气象信息员具备履行职责所应具备的素质。

（二）各级气象部门至少每两年要对所辖气象信息员轮训一次，新任用的气象信息员应先培训后上岗，每次培训时间不少于 2 天。采用分级培训的方式，省局培训中心负责完成省级以下气象信息员师资的统一培训，其他培训原则上采取市级或县级气象部门组织集中培训或远程培训。各市局要将每年气象信息员培训计划报省局备案。

（三）省局科技减灾处、人事教育处对各市局气象信息员培训情况要加强检查和指导。对未按规定呈报培训计划的单位、未按计划组织培训的单位及未完成培训目标任务的单位，将在全省范围内进行通报批评。

（四）省局培训中心负责组织编写我省统一的气象信息员培训教材，并于今年底完成。各市局要从当地防灾减灾实际出发，突出地方特色，在中国气象局、省局统一编写的培训教材基础上组织编写适应本地特点的培训教材，增强培训的针对性和实用性，切实提高气象信息员的整体素质。

六、激励机制

（一）各级气象部门要建立和完善气象信息员考核奖惩制度，采用以奖代补方式调动和激励气象信息员的工作积极性。

（二）各级气象部门每季度对本辖区的《气象信息员工作日志》进行一次审查并签署意见。年终对《气象信息员工作日志》整理存档，作为气象信息员的年度工作情况考核依据，将考核结果与奖励力度挂钩。

（三）在年度考核中表现突出的气象信息员，当地气象部门应当向当地政府建议予以表彰，并发给适当数量的奖金和颁发奖励证书。对综合考评不合格的人员，及时调整出气象信息员队伍。

（四）省局每年举办一次“优秀气象信息员”评比活动，对在气象防灾减灾中成绩显著的气象信息员给予表彰奖励。同时，推荐做出突出贡献的信息员申报中国气象局组织的“群众满意气象信息员”评比活动。

七、保障措施

（一）各级气象部门要按照中国气象局、省局的总体部署，高度重视，确定专门机构和人员加强对气象信息员队伍建设的组织领导、技术指导和监督管理，明确责任，力戒形式主义，注重工作实效。

（二）各级气象部门要转变观念，将气象信息员管理视为履行政府公共管理职能的重要内容，努力将该项工作纳入地方政府防灾减灾体系。

（三）各级气象部门要积极争取地方财政投入，建立和完善稳定的气象信息员队伍建设投入机制，加大对气象信息员管理、培训等方面的投入，保障气象信息员队伍建设能够持续稳定推进。

（四）省局将有计划安排经费投入，保障气象信息员培训、教材编写、优秀气象信息员奖励及工作日志、交流等工作顺利开展。并根据地方投入和气象信息员效益发挥考核评估结果，安排各市局气象信息员的年度经费投入。

八、附则

（一）本办法由省局科技减灾处负责解释。

（二）本办法自2009年8月15日起施行。省局《关于印发〈乡镇兼职气象协管员管理办法（暂行）〉的通知》（鲁气办发〔2007〕5号）同时废止。

附件：山东省气象信息员信息汇总表

附件：

山东省气象信息员信息汇总表

序号	县（市、区）、乡镇、村	姓名	性别	出生日期	职务	工作单位	文化程度	通信方式				
								移动电话	固定电话	电子邮箱	通讯地址	邮政编码

参考文献

曹钢锋,张善君,朱官忠等.1988.山东天气分析与预报.北京:气象出版社

郭树军.2010.河北省气象信息员工作手册.北京:气象出版社

国家海洋局.2008.2007年中国海洋灾害公报

蒋伯仁,孙兴池,张少林.2005.山东主汛期暴雨分析及预报研究综述.山东气象,**25**(2):16-18

蒋红花.2000.山东省干旱灾害的变化特征及相关分析.灾害学,**15**(3):51-55

刘焕彬.2004.山东省主要气象灾害及其防御对策.灾害学,**19**(s0):8-13

孟昭翰.1995.山东省气象灾害特征与对策研究.山东气象,**15**(1):33-36

王建国.2005.山东气候.北京:气象出版社

王建国.2006.中国气象灾害大典·山东卷.北京:气象出版社

薛德强,王建国,王兴堂等.2007.山东省的干旱化特征分析.自然灾害学报,**16**(3):60-65

章国才.2010.气象灾害风险评估与区域划分.北京:气象出版社

中国气象局政策法规司.2008.气象标准汇编.北京:气象出版社,9-32

朱菊忠.2008.浙江省气象协理员培训教材.北京:气象出版社

邹瑾,冯晓云,高凤姣等.2004.山东省夏季高温气候变化特征分析.山东气象,**24**(1):16-18